中等职业教育国家规划教材
全国中等职业教育教材审定委员会审定
全国建设行业中等职业教育推荐教材

水暖通风空调基础知识

（建筑设备安装专业）

主　　编　谢　滨
责任主审　李德英
审　　稿　许淑慧
　　　　　闫全英

U0291667

中国建筑工业出版社

图书在版编目（CIP）数据

水暖通风空调基础知识/谢滨主编. —北京：中国建
筑工业出版社，2002（2024.12重印）
中等职业教育国家规划教材. 全国中等职业教育教材
审定委员会审定. 全国建设行业中等职业教育推荐教材.
建筑设备安装专业
ISBN 978-7-112-05412-1

Ⅰ. 水…　Ⅱ. 谢…　Ⅲ.①房屋建筑设备：采暖设备
—专业学校—教材②房屋建筑设备：通风设备—专业学
校—教材③房屋建筑设备：空气调节设备—专业学校—
教材　Ⅳ. TU83

中国版本图书馆 CIP 数据核字（2002）第 099554 号

　　本教材是中等职业学校建筑设备安装专业系列教材之一。该教材主要
内容有：流体的主要物理性质、流体静力学、流体动力学基础、管路水力
计算、孔口、管嘴出流与气体射流、离心水泵与风机、热力学原理、换热
过程、制冷的基本原理等。每节均有思考题，每章附有习题，旨在培养学
生分析解决基本工程问题的能力。

　　本教材内容深入浅出，简明扼要，叙述通俗化和图解化，理论与实际
相结合，考虑到建筑设备安装专业的宽口径特点（包括建筑给排水、供热
与通风、电气设备安装），本教材对大量内容进行了删繁求精，便于学生
学习与掌握。

　　本教材还可作为与暖通、水电等专业的工程技术人员参考使用。

中 等 职 业 教 育 国 家 规 划 教 材
全国中等职业教育教材审定委员会审定
全国建设行业中等职业教育推荐教材

水暖通风空调基础知识

（建筑设备安装专业）

主　编　谢　滨

责任主审　李德英

审　稿　许淑慧　闫全英

*

中国建筑工业出版社出版、发行(北京西郊百万庄)
各地新华书店、建筑书店经销
建工社（河北）印刷有限公司印刷

*

开本：787×1092毫米　1/16　印张：12¾　插页：1　字数：306千字
2003 年 5 月第一版　　2024 年 12 月第九次印刷
定价：**23.00**元
ISBN 978-7-112-05412-1
(20946)

中等职业教育国家规划教材出版说明

为了贯彻《中共中央国务院关于深化教育改革全面推进素质教育的决定》精神，落实《面向21世纪教育振兴行动计划》中提出的职业教育课程改革和教材建设规划，根据教育部关于《中等职业教育国家规划教材申报、立项及管理意见》（教职成〔2001〕1号）的精神，我们组织力量对实现中等职业教育培养目标和保证基本教学规格起保障作用的德育课程、文化基础课程、专业技术基础课程和80个重点建设专业主干课程的教材进行了规划和编写，从2001年秋季开学起，国家规划教材将陆续提供给各类中等职业学校选用。

国家规划教材是根据教育部最新颁布的德育课程、文化基础课程、专业技术基础课程和80个重点建设专业主干课程的教学大纲（课程教学基本要求）编写，并经全国中等职业教育教材审定委员会审定。新教材全面贯彻素质教育思想，从社会发展对高素质劳动者和中初级专门人才需要的实际出发，注重对学生的创新精神和实践能力的培养。新教材在理论体系、组织结构和阐述方法等方面均作了一些新的尝试。新教材实行一纲多本，努力为教材选用提供比较和选择，满足不同学制、不同专业和不同办学条件的教学需要。

希望各地、各部门积极推广和选用国家规划教材，并在使用过程中，注意总结经验，及时提出修改意见和建议，使之不断完善和提高。

教育部职业教育与成人教育司
2002年10月

前　言

　　本书是根据教育部 2001 年颁发的中等职业学校建筑设备安装专业《水暖通风空调基础知识》教学大纲编写的，系中等职业教育国家规划教材，作为招收初中毕业生的三年制中等职业学校建筑设备安装专业《水暖通风空调基础知识》课程的教材，也可作为 3 + 2 高职建筑设备工程专业教材。

　　本书对原有的《流体力学　泵与风机》、《热工学》、《制冷原理》三门课程内容进行了合、分、删、增及优化整合，内容以应用为目的，以必须够用为度，突出理论知识生活化、趣味化、人文化、实用化，理论联系实际。为学生学习后续课程，也为培养分析解决基本工程问题的能力奠定良好的基础。

　　本书由广西建设职业技术学院谢滨主编，湖南城建职业技术学院温薇和广西工业职业技术学院林松参编，其中绪论及第一、二、三、五章由谢滨编写，第四、六章由温薇编写，第七、八、九章由林松编写。由广西工业职业技术学院谢宴主审。

　　本书在编写中参考了国内外公开出版的许多书籍和资料，并从中直接引用了部分例题、习题及图表，在此谨向有关作者表示谢意。

　　由于编者水平有限和编写时间仓促，书中难免有错误和不足，恳请读者批评指正。

编　者

目　　录

绪　　论

《水暖通风空调基础》的任务

《水暖通风空调基础》包括流体力学、泵和风机、热工学和制冷原理四部分基础知识。它的主要任务是：

（1）运用流体的平衡和运动规律，分析解决工程中的实际问题。

（2）研究热能与机械能之间相互转换的规律、热量传递过程中的规律以及提高转换效率的途径。

（3）从热工学的观点来分析和研究制冷循环的理论知识和应用。

《水暖通风空调基础》与建筑设备安装专业的关系

本课程与建筑设备安装专业的关系，可从以下两个实例中得到了解。

1. 室内给水管道系统

如图 0-1 所示，水从室外给水管网引入室内，并通过室内给水管道，把水输送到卫生

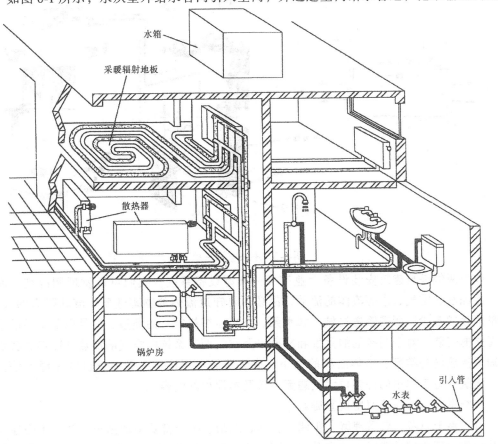

图 0-1　室内给水管道系统

设备、锅炉及锅炉房设备。锅炉及锅炉房设备将热能传递给水，以生产热水或蒸汽，然后通过管道将热水或蒸汽送到散热器、淋浴器、洗面器、采暖辐射地板，以满足人们生活的需要。

为了计量水流量，水表安装在引入管上。当室外给水管网供水压力不能满足用户要求时，室内给水系统还要设置水箱、水泵等升压和贮水设备。当建筑物内部需要设置消防给水系统时，一般设消火栓等消防设备。

2. 中央空调系统

如图 0-2 所示，压缩机从蒸发器吸入气态制冷剂，然后进行压缩，成为高温高压过热蒸气进入冷凝器，在冷凝器中高压的气态制冷剂被冷却水冷凝成液体状态，液态制冷剂再经节流阀降温降压后进入蒸发器，在蒸发器中低压液态制冷剂从冷冻水中吸收大量的热量，使冷冻水温度降低。从蒸发器出来的气态制冷剂再进入压缩机，制冷剂在系统中不断循环。

从各用户风机盘管返回的冷冻水在集水器中混合，经空调水泵加压送入蒸发器中，冷冻水温度降低后进入分水器，再由分水器分流进入各空调空间的供水管路，供水在各房间的风机盘管中向空调空间释放冷量后，由回水管路回到集水器中，进入下一循环。

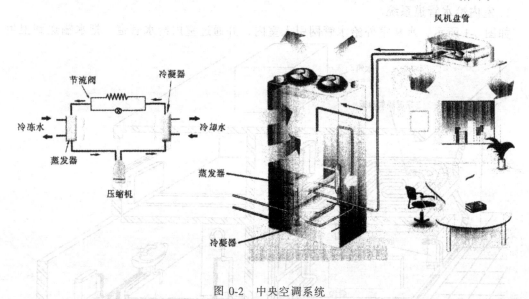

图 0-2　中央空调系统

以上两例是与建筑安装设备专业有关的典型设备系统。我们可以发现制冷剂、冷却水、冷冻水、空气、水等流体的流动，都必须要知道流体的物理性质、流动阻力的大小、能量消耗的多少、所需输送机械（如水泵、制冷压缩机等）的类型、型号以及管径的选择和管路的安装。对于制冷剂的蒸发和冷凝以及空气调节系统中空气的加热和冷却，我们必须知道换热设备类型、传热面积的大小、换热器的选用以及设备和管道的保温方法。因此，建筑设备工程中的许多技术问题无不涉及本课程的内容。

怎样学好《水暖通风空调基础》

（1）善于思考，着重理解　听课、发问、总结、练习都要多动脑子，对于水暖通风空调基础知识不应满足背诵结论和公式，要着重理解，知道它是如何提出的，如何得出结论的，知道它的意义和应用范围。

（2）会应用，会创新　学习的目的在于应用，要注意教材和教师是如何引出概念、如何阐明理论、如何分析问题和解决问题的，进一步掌握分析问题和解决问题的思路和方法。要学会创新，才能应用所学的知识解释建筑设备工程的技术问题、进行必要的计算，把知识变成分析问题与解决问题的能力，为后续专业课学习奠定理论基础。

第一章　流体的主要物理性质

第一节　流体的重力密度和密度

气体和液体统称为流体。流体和固体一样，也具有质量并受到重力作用。通常用密度和重力密度表示其特征。

重力密度　单位体积某种流体的重量叫做这种流体的重力密度（或称为重度）。

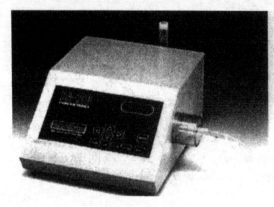

图 1-1　密度比重计

通常用 γ 表示重力密度，G 表示重量，V 表示体积，计算重力密度的公式为

$$\gamma = \frac{G}{V} \tag{1-1}$$

重力密度的单位为 N/m^3。不同种类的流体重力密度一般不同。

密度　单位体积某种流体的质量叫做这种流体的密度。

通常用 ρ 表示密度，m 表示质量，V 表示体积，计算密度的公式为

$$\rho = \frac{m}{V} \tag{1-2}$$

密度的单位为 kg/m^3。

工业上，用密度比重计（图 1-1）测量各种液体的密度。只需少量液体便可准确测出重力密度和密度。

流体的重力密度 γ 与密度 ρ 的关系：

$$\gamma = \rho g \tag{1-3}$$

如果已知重力密度求密度，只要将重力密度除以重力加速度即可。式(1-3)中，重力密度 γ 单位为 N/m^3，密度 ρ 单位为 kg/m^3，重力加速度 g 为 $9.81m/s^2$。（$1N = 1kg \cdot m/s^2$）。

由于流体的密度和重力密度都与体积有关，而体积又受外界压力和温度的影响，因此，当指出某种流体的密度或重力密度值时，必须指明所处的外界压力和温度条件。常见流体的密度、重力密度见表 1-1。熟悉流体的重力密度值对我们学习专业课有很大帮助。

【**例题 1-1**】　已知水的重力密度 $\gamma = 9.81kN/m^3$（kN 为千牛，即 1 千牛 = 1000 牛），水银的容重比水大 13.59 倍，试求水的密度及水银的密度和重力密度。

【**解**】　由式 (1-3) 可得 $\rho = \dfrac{\gamma}{g}$，因此

水的密度

$$\rho_{水} = \frac{\gamma_{水}}{g} = \frac{9.81 \times 1000}{9.81} = 1000kg/m^3$$

4

水银的重力密度

$$\gamma_{水银} = 13.59\gamma_水 = 13.59 \times 9.81 \times 1000\text{N/m}^3 = 133318\text{N/m}^3 = 133.318 \times 10^3\text{N/m}^3$$

水银的密度

$$\rho_{水银} = \frac{\gamma_{水银}}{g} = \frac{133.318 \times 1000}{9.81} = 13590\text{kg/m}^3$$

常见的流体密度、重力密度　　　　　　　　　　　　　表 1-1

流体名称		密　度（kg/m³）	重力密度（N/m³）	测定条件	流体名称		密　度（kg/m³）	重力密度（N/m³）	测定条件
液体	汽　油	680～740	6670.8～7259.4	15℃	气体	氢	0.0899	0.8819	0℃760mmHg
	乙　醚	740	7259.4	0℃		甲　烷	0.7168	7.0318	
	纯乙醇	790	7749.9	15℃		氨	0.7714	7.5674	
	甲　醇	810	7946.1	4℃		乙　炔	1.1709	11.4865	
	煤　油	800～850	7848～8338.5	15℃		一氧化碳	1.2500	12.2625	
	蒸馏水	1000	9810	4℃		氮	1.2505	12.2674	
	海　水	1020～1030	10006.2～10104.3	15℃		空　气	1.2928	12.6824	
	无水甘油	1260	12360.6	0℃		氧	1.4290	14.0185	
	水　银	13590	133318	0℃		二氧化碳	1.9768	19.3924	
	润滑油	900～930	8829～9123.3	15℃		氯	3.2200	31.5882	

穿过浓烟逃生时，要尽量使身体贴进地面，如图1-2。

穿过浓烟逃生时，要尽量使身体贴近地面。这是因为浓烟重力密度比空气小，烟气会向上扩散到各处。

图 1-2　穿过浓烟逃生时，要尽量使身体贴近地面

思　考

流体的密度与重力密度有什么不同？它们之间有什么关系？

第二节　流体的黏滞性

为什么水比油流得快？这是因为油的黏滞性比水的黏滞性大。

大家都有这样的经验：手指触摸油液时会有一种黏的感觉。可见流体具有黏滞性。

在日常生活中，如果从瓶里倒水或倒油（图1-3），我们可以观察到，水比油流得快。由于水黏滞性小，流得快，油的黏滞性大，流得慢。我们可以认识到流体的黏滞性与流体

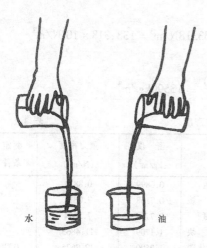

图 1-3 水比油流得快

运动有密切的关系，它对于流体运动起着阻碍作用。

英国科学家牛顿通过大量的实验研究证明：流体在运动时，流体内部存在摩擦力（又称黏滞力）。黏滞力愈大，表现出来的黏滞性愈大。流体的黏滞性的大小用黏滞系数（又称黏度）表示。

黏滞系数是流体最重要特性之一，一般可用以下几种不同的单位表示：

1.动力黏滞系数（又称动力黏度）　通常用 μ 表示，单位是 $N \cdot s/m^2$，$1N \cdot s/m^2 = 1Pa \cdot s \approx 10$ 泊，1 泊 $= 1$ 达因·秒/厘米^2。

2.运动黏滞系数（又称运动黏度）　动力黏滞系数 μ 和流体密度 ρ 之比值称为运动黏滞系数，用 ν 表示，即

$$\nu = \frac{\mu}{\rho} \tag{1-4}$$

单位为 cm^2/s。$1cm^2/s = 1$ 泊 ，1 泊 $= 100$ 厘泊，1 厘泊 $= 1mm^2/s$。制冷压缩机的冷冻机油黏滞系数常用运动黏度表示。

图 1-4　黏度计

温度升高，液体变稀。

温度降低，液体变稠。

图 1-5　液体黏滞系数与温度的关系

3.相对黏度　相对黏度又称条件黏度。它是采用特定的黏度计（图 1-4）在规定的条件下测出来的液体黏度。根据测量条件的不同，各国采用的相对黏度的单位是不同的。如美国采用国际赛氏秒（SSU），英国采用商用雷氏秒（"R），我国和欧洲国家采用恩氏黏度（°E）（如°E_{20}、°E_{50}、°E_{100}）。

表 1-2 列举了在不同温度条件下水的黏滞系数。

表 1-3 列举了在不同温度条件下空气的黏滞系数。

表 1-4 列举了几种典型冷冻机油的黏滞系数。

从表 1-2、表 1-3 和表 1-4 中可以看出,水和空气的黏滞系数随温度的变化规律是不同的。液体的黏滞系数与温度的关系如图 1-5,空气的黏滞系数则随温度升高而增大。但流体的黏滞性总是随压力升高而增大。常温下油的黏滞系数比水的黏滞系数大,如图 1-6。

图 1-6　油的黏滞系数比水的黏滞系数大

水 的 黏 滞 系 数　　　　　　　　　　　　　　　　表 1-2

t (℃)	μ 10^{-3} (Pa·s)	ν (mm²/s)	t (℃)	μ 10^{-3} (Pa·s)	ν (mm²/s)
0	1.792	1.792	40	0.656	0.661
5	1.519	1.519	45	0.599	0.605
10	1.308	1.308	50	0.549	0.556
15	1.140	1.140	60	0.469	0.477
20	1.005	1.007	70	0.406	0.415
25	0.894	0.897	80	0.357	0.367
30	0.801	0.804	90	0.317	0.328
35	0.723	0.727	100	0.284	0.296

一个大气压下空气的黏滞系数　　　　　　　　　　　　表 1-3

t (℃)	μ 10^{-3} (Pa·s)	ν (mm²/s)	t (℃)	μ 10^{-3} (Pa·s)	ν (mm²/s)
0	0.0172	13.7	90	0.0216	22.9
10	0.0178	14.7	100	0.0218	23.6
20	0.0183	15.7	120	0.0228	26.2
30	0.0187	16.6	140	0.0236	28.5
40	0.0192	17.6	160	0.0242	30.6
50	0.0196	18.6	180	0.0251	33.2
60	0.0201	19.6	200	0.0259	35.8
70	0.0204	20.5	250	0.0280	42.8
80	0.0210	21.7	300	0.0298	49.9

性　质	矿　物　油			合　成　油			
	环烷基		石蜡基	烷基苯	酯　类		乙二醇类
黏度（mm^2/s）（厘泊）（38℃）	33.1	61.9	68.6	34.2	31.7	30	100	29.9

制冷压缩机油通常称冷冻机油。由于冷冻机油的黏滞系数的变化将直接影响到系统的性能和泄漏量，所以希望油的黏滞系数随温度变化越小越好。如果制冷压缩机中的制冷剂溶入冷冻机油后，反而会使黏滞系数有所降低。

思　　考

1. 流体的黏滞性对流体流动起什么作用？用什么系数来判别黏滞性的大小？
2. 液体和气体的黏度随温度的变化规律有什么不同？

第三节　流体的压缩性与膨胀性

为什么夏天自行车胎充气时不能打得太足？这是因为车胎里的气体体积会随温度升高而增大的道理。

当流体的温度不变，流体的体积 V 随压力增大 Δp 而减小的性质，称为流体的压缩性，它的大小用体积压缩系数 β_p 表示，即 $\beta_p = -\dfrac{\Delta V}{V}\dfrac{1}{\Delta p}$（体积减小量为 ΔV）；当流体的压力不变，流体体积 V 随温度升高 ΔT 而增大的性质，称为流体的膨胀性，它的大小用体积膨胀系数 β_t 表示，即 $\beta_t = \dfrac{\Delta V}{V}\dfrac{1}{\Delta T}$（体积增大量为 ΔV）。

液体的压缩性与膨胀性

表 1-5 列举了水在温度为 0℃时，不同压力条件下的体积压缩系数。从表中可知，液体的压缩性很小，所以在实际工程中，液体的压力变化不太大，往往不考虑液体的压缩性，把它看作不可压缩流体。只在某些特殊情况下，如水击、热水采暖等问题中，才需考虑液体的压缩性和膨胀性。当油中混入空气时，油的压缩性将显著增加，并将严重影响系统的工作性能。

表 1-6 列举了水在一个大气压下，不同温度（℃）时的重力密度和密度。

图 1-7 为供热工程中的自然循环热水采暖系统，它是利用水的膨胀性而形成自然循环流动所需的动力。

水在锅炉中被加热后，温度升高，体积膨胀。而系统中水的全部重量（或质量）是不变的，因此，受热的水由于重度减小而变轻，并沿着管道上升至散热器；受热的水在散热器中放出热量后，温度下降，体积减小，重度增加而变重，水就能沿着管道流回锅炉。如此往返不断地进行流动，就形成了热水采暖系统的自然循环。

在热水采暖系统中，如果不设膨胀水箱，循环流动是在封闭系统中进行的。当系统中的水受热膨胀，虽然水的体积变化量很小，但由于膨胀而引起对管道、配件、散热器的热应力是很大的。其后果是轻者引起联接部件松动而渗漏；重者引起管道或散热器的破裂。这就是热水采暖系统中需安装膨胀水箱的原因之一。

0℃时水的体积压缩系数				表 1-5	
压力（MPa）	0.5	0.1	0.2	0.4	0.8
β_p（m²/N）	5.38×10^{-10}	5.36×10^{-10}	5.31×10^{-10}	5.28×10^{-10}	5.15×10^{-10}

一个大气压下水的重力密度和密度　　　　表 1-6

温度（℃）	重力密度（N/m³）	密度（kg/m³）	温度（℃）	重力密度（N/m³）	密度（kg/m³）	温度（℃）	重力密度（N/m³）	密度（kg/m³）
0	9806	999.9	15	9799	999.1	70	9590	977.8
1	9806	999.9	20	9790	998.2	75	9561	974.9
2	9807	1000.0	25	9778	997.1	80	9529	971.8
3	9807	1000.0	30	9775	995.7	85	9500	968.7
4	9807	1000.0	35	9749	994.1	90	9467	965.3
5	9807	1000.0	40	9731	992.2	95	9433	961.9
6	9807	1000.0	45	9710	990.2	100	9399	958.4
7	9807	1000.0	50	9690	988.1			
8	9806	999.9	55	9657	985.7			
9	9806	999.9	60	9645	983.2			
10	9805	999.9	65	9617	980.6			

【例题 1-2】　某采暖系统中，有 50kg 质量的水，温度从 50℃升高至 90℃，试问水的体积膨胀量为多少？

【解】　根据公式（1-2）

$$\rho = \frac{m}{V} \quad \text{或} \quad V = \frac{m}{\rho}$$

设 50℃时水的体积为 V_1，密度为 ρ_1；90℃时水的体积为 V_2，密度为 ρ_2；查表 1-6，$\rho_1 = 988.1\text{kg/m}^3$，$\rho_2 = 965.3\text{kg/m}^3$。水的体积膨胀量为 ΔV，则

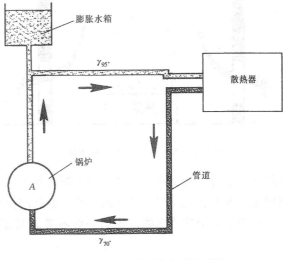

$$\Delta V = V_2 - V_1 = \frac{m}{\rho_2} - \frac{m}{\rho_1}$$

$$= m\left(\frac{1}{\rho_2} - \frac{1}{\rho_1}\right)$$

图 1-7　自然循环热水采暖系统

$$= 50\left(\frac{1}{965.3} - \frac{1}{988.1}\right) = 0.0518 - 0.0506 = 0.0012 \text{ m}^3 = 1.2\text{L}$$

水的膨胀率为

$$\frac{\Delta V}{V_1} = \frac{0.0012}{0.0506} = 0.0237 \approx 2.4\%$$

水的体积膨胀系数 β_t 为

$$\beta_t = \frac{\Delta V}{V}\frac{1}{\Delta T} = \frac{0.0012}{0.0506}\frac{1}{(90-50)} = 0.000593 \quad (1/℃)$$

气体的压缩性与膨胀性

表 1-7 列举了在标准大气压（760mmHg）时的空气重力密度和密度，从表中可知，温

度变化时，空气重力密度和密度变化较显著。

在标准大气压时的空气重力密度及密度　　　　　　表 1-7

温　　度 （℃）	重力密度 （N/m³）	密　　度 （kg/m³）	温　　度 （℃）	重力密度 （N/m³）	密　　度 （kg/m³）	温　　度 （℃）	重力密度 （N/m³）	密　　度 （kg/m³）
0	12.70	1.293	25	11.62	1.185	60	10.40	1.060
5	12.47	1.270	30	11.43	1.165	70	10.10	1.029
10	12.24	1.248	35	11.23	1.146	80	9.81	1.000
15	12.02	1.226	40	11.07	1.128	90	9.55	0.973
20	11.80	1.205	50	10.72	1.093	100	9.30	0.947

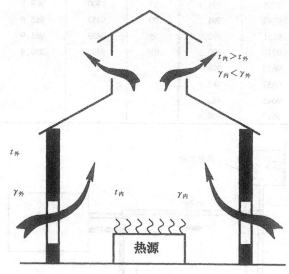

图 1-8　热压作用下的自然通风

图 1-8 为热压作用下的自然通风，它是利用空气的膨胀性而形成空气对流。

由于厂房内各种热源（如工业炉子、热加工件、运转的各种机械设备等等排出大量热量），因此，厂房内的空气温度比厂房外的高，室内空气由于温度升高，体积膨胀，重力密度小于室外空气而产生室内外空气压力差，这时，室内温度高而重力密度轻的空气就会自然上升，从厂房的上部窗口排出，室外温度低，重力密度大的空气则自然由外墙下部窗口进入室内，进入室内的冷空气又被热源加热，体积膨胀，重力密度变轻；自然上升从上部窗口排出，冷空气又从下部窗洞口进入室内，如此循环，而形成了川流不息的空气交换。厂房内的热源起到了巨大的通风机的作用。这种由于热源作用，造成室内外温度差，产生空气压力差，引起的换气现象就叫做热压作用。

对于下列情况的气体，我们一般不考虑其压缩性和膨胀性，将气体看做不可压缩气体。

1. 一般通风系统中的空气（相对压力值 < 1000mmH₂O）；

2. 低压蒸汽采暖系统中的蒸汽（相对压力值 70kPa）。

对于输送蒸汽或过热水等热能介质的热力管道，不能忽视热能介质的膨胀性，因为它会引起管道热膨胀，如果管道两端固定，在管壁内就会产生热应力，固定端就会受到推力作用。因此，管道系统必须采取补偿措施（如图 1-9 所示管道补偿器），否则容易造成管

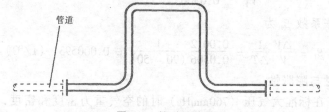

图 1-9　管道补偿器

道的破坏。

思　　考

1．什么是流体的压缩性与膨胀性？它们对流体的重力密度和密度有何影响？
2．自然循环热水采暖系统中的水为什么能自然循环？
3．什么是热压作用下的自然通风？

第四节　液体的其他性质

液体除具有前面所讲性质外，还有不可忽视的其他性质。

浊点

冷冻机油中含有很少量的石蜡，当温度降低到某一值时，冷冻机油分离出的石蜡会使冷冻机油变得混浊，我们把冷冻机油开始析出石蜡的温度称为浊点。

冷冻机油中的石蜡会积存在节流阀孔而堵塞阀孔，积存在蒸发器内表面而影响传热效果。

凝固点

当液体冷却到停止流动的温度，就是该液体的凝固点。凝固点比浊点低。冷冻机油的凝固点应比制冷设备的蒸发温度低，才不会有被冷冻而凝固的可能，这样可以避免节流阀孔被堵塞，以及蒸发器内积存冷冻油的危险。

冷冻机油在低温下流动特性的指标是倾点，倾点是指油品在试验条件下能够连续流动的最低温度，在标准中规定它不能高于某一个温度。测量仪表有倾点表。

闪点

加热冷冻机油，直到所蒸发出来的油蒸气与火焰接触时能发生闪火的最低温度，称为冷冻机油的闪点。测量仪表有闪点表。

制冷机用的冷冻机油，其闪点应比排气温度高 15～30℃，这样可以避免冷冻机油的燃烧和结焦，而不影响排气阀的正常工作。

化学稳定性

冷冻机油在高温和金属的催化作用下，会引起化学反应，生成沉积物和焦炭；冷冻机油分解后产生的酸会腐蚀电气绝缘材料；冷冻机油应与系统中所用的材料相容，才不会引起这些材料（如橡胶，分子筛等）的损坏。对冷冻机油的化学稳定性要求有标准《在制冷剂系统中冷冻机油的化学稳定性试验法（密封玻璃管法）（SH/T 0698—2000）》。

空气溶解量

热水采暖系统中的空气是最有害的。当管道中有空气积存时，往往要影响热水的正常循环，造成某些部分时冷时热，产生噪声，空气中含有氧气会造成金属腐蚀，所以一般采用自动排气阀将空气排放出来。

在热水采暖系统中，所充入的常温水总是含有一定量空气。当系统运行升温后，空气则总是要分离出来。空气在水中的溶解量与温度、压力有关：压力越大，温度越低，空气溶解量则越大，反之，压力越低，温度越高，空气溶解量则越小。凡是空气溶解量低于原始空气溶解量的地方都能使空气分离出来或排放出来。

水分

冷冻机油含水后易引起毛细管的冰堵，机械杂质也会使通道堵塞并使零件磨损。含水的冷冻机油和氟利昂制冷剂的混合物能够溶解铜。当溶解铜的润滑油混合物与钢或铸铁零件接触时，被溶解的铜又会析出，沉积在钢、铁零件表面上，形成铜膜，这就是"镀铜"现象。"镀铜"会破坏制冷机的正常运行。

习 题

1. 什么叫流体的密度和重力密度？

2. 如何表示流体的黏滞性的大小？

3. 什么叫流体的压缩性与膨胀性？

4. 某水箱，长 1.2m，宽 0.8m，高 1.0m，用 4℃的水充满。试问水箱中全部水的重量为多少？

5. 已知油的重力密度为 7000N/m³，求其密度。

6. 一热水采暖系统内水的总体积为 8m³，温度最大升高为 50℃，水的体积膨胀系数 β_t = 0.0005（1/℃），问膨胀水箱最少应有多大的容积？

第二章 流 体 静 力 学

第一节 流 体 静 压 力 特 性

为什么将压扁的乒乓球放在热水中可以使压扁处恢复圆形？这是因为乒乓球里的气体压力随温度升高而增大，压力由里向外垂直于作用压扁处，使压扁处恢复圆形。

从初中物理中可知，物体单位面积上受到的力叫做压强，也称为压力。在本课程中，我们将静止流体中的压力称为静压力。

在工程单位制中，压力常用的单位是 kgf/m^2 或 kgf/cm^2。

在国际单位制中，压力常用的单位是帕（Pa）或 N/m^2。

国外常用"磅/英寸^2"（Psi）或巴（bar）表示，1 巴 $= 10^5$ 帕 $= 1000$ 毫巴（mbar）。

一个标准大气压 $= 1.033 kgf/cm^2 = 101325Pa \approx 10^5 Pa$

一个工程大气压 $= 1 kgf/cm^2 = 98100Pa = 98.1kPa$

各种压力单位换算关系：

$1Psi = 0.006859MPa$

$1bar = 0.1MPa$

$1kgf/cm^2 = 98.066kPa = 0.098066MPa \approx 0.1MPa$

如何使流体具有压力呢？我们可以利用流体自身的重力和机械设备使流体具有压力。如图 2-1 所示，工程常见的设备有空气压缩机、风机、制冷压缩机、水泵等。

　　　（a）　　　　　　　（b）　　　　　　　（c）　　　　　　　（d）

图 2-1　工程常见的设备

（a）空气压缩机；（b）风机；（c）制冷压缩机；（d）水泵

从初中物理中可知，流体静压力具有两个特性：

1. 流体静压力的方向垂直于作用面，并指向作用面。

2. 静止流体中任意点各方向的流体静压力均相等。

工程上利用流体静压力特性，修复压扁的摩托车油箱，方法是将水注入油箱，逐渐加大水压，可以使摩托车压扁的油箱恢复原来的形状。

夏天游泳潜水时，潜到一定深度，耳朵里就感到疼痛，不论怎样改变姿势都不能使疼痛消失。这是因为水的压力始终垂直于耳膜，并指向耳膜。

根据流体静压力的基本特性,在实际工程中对结构物（如水池、水箱、锅炉等)进行受力分析时,需要画出不同作用面上流体静压力的方向(箭头表示静压力),如图 2-2 所示。

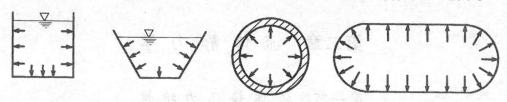

图 2-2　各种容器内流体静压力方向图

思　考

1. 静止液体的压力有哪些特性?
2. 液体中任一点的压力在各方向上相等,对吗? 为什么?

第二节　流体静压力基本方程式

电视电影中的潜水员为什么要穿上潜水衣?

你知道水塔为什么总是建得很高吗?

一、静压力基本方程式

我们从初中物理中可知,深度为 h 处的液体压力为 $p = \rho g h$。如图 2-3 所示为静压力基本方程式,如果考虑水箱、水池的水面、蒸汽锅炉的水面等存在压力 p_0,那么,深度为 h 处的液体实际压力计算公式写成

$$p = p_0 + \rho g h = p_0 + \gamma h \tag{2-1}$$

公式 (2-1) 就是静压力基本方程式。该公式同样适用于气体。

我们把液体与气体的交界面称为自由表面。而液体的自由表面受压力的作用,此压力称为表面压力,以符号 p_0 表示

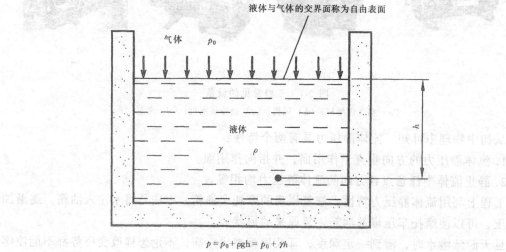

$p = p_0 + \rho g h = p_0 + \gamma h$

图 2-3　静压力基本方程式

根据公式（2-1），若表面压力为一个标准大气压，水深 10m 处压力为

$$p = p_0 + \rho gh = p_0 + \gamma h = 10^5 + 9810 \times 10 = 10^5 + 98100 = 1.98 \times 10^5 \text{Pa}$$

因此，水深每增加 10m 水压就会增加 1 个标准大气压左右的压力。目前人类携带氧气瓶不借助防护舱下潜的记录是 685.8m，再向下潜人类如果不借助防护舱就只能望洋兴叹了。而深海中生活的鱼，因为鱼体内有水可保持内外压力平衡，所以不会被强大的压力压扁。

为了使楼房里的用户也能用到自来水，常常看到楼房附近有一个高高的水塔。根据公式（2-1）可知，水塔修得越高，水塔塔底的压力就越大，这样就可以将水压到地势较高处，高楼中的住户就可以使用自来水了，图 2-4 为水塔示意图。

图 2-4　水塔示意图

二、绝对压力、相对压力与真空度

绝对压力　公式（2-1）中的 p 值称为绝对压力，绝对压力是指包括大气压力在内的压力值。如果自由表面上的压力为大气压力 p_a，则 $p_0 = p_a$。那么水箱和水池（图 2-3）中某点的绝对压力为：

$$p = p_a + \gamma h \tag{2-2}$$

相对压力　如果将绝对压力减去大气压力 p_a，其剩余值称为相对压力，以符号 p_g 表示。则

相对压力 = 绝对压力 – 大气压力

$$p_g = p - p_a \tag{2-3}$$

相对压力也是一般压力表所显示的压力（即表压力）。因为压力表的测量值不包括当地大气压力在内，压力表（图 2-5）在大气环境中（未装接上时），其指针是指在 0MPa 处，没有指示当地大气压力。

真空　当流体中某点的绝对压力值小于大气压力 p_a 时，该点则处于真空状态。其真空的程度用真空度或真空压力表示，符号为 p_v。很明显，有真空存在的地区，其相对压

图 2-5　压力表

力必为负值，即（绝对压力 – 大气压力）＜0。所谓某点的真空度是指大气压力与该点的绝对压力值的差值，即

真空度＝大气压力 – 绝对压力　　　$p_v = p_a - p$　　　　　　　　　　　　　(2-4)

真空应用范围极广。电冰箱维修时常常使用真空泵抽真空。吸尘器则是利用真空进行吸尘。

绝对压力、相对压力与真空度的关系

从图 2-6 可以看出，任何点的绝对压力只能是正值，不可能出现负值。但是，与大气压力相比较，绝对压力可能大于大气压力，也可能小于大气压力。因此，相对压力就可正可负。当相对压力为正值时，称为正压；相对压力为负值时，称为负压。出现负压的状态也就是真空状态，负压的绝对值等于真空度，此时，$|p_g| = p_v$。

由于 U 形测压计（图 2-7）上的液柱高度可反映某点压力值的大小，所以，也以液柱的高度表示压力值的大小。

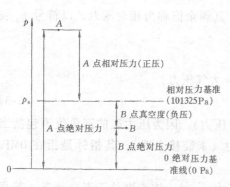

图 2-6　绝对压力、相对压力与真空度的关系图

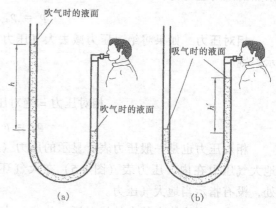

图 2-7　U 形测压计上的液柱高度

（a）吹气；（b）吸气

$$h = \frac{p}{\gamma} \qquad (2\text{-}5)$$

液柱的高度常用的单位为米水柱（mH$_2$O）、毫米水柱（mmH$_2$O）或毫米汞柱（mmHg）（H$_2$O 表示水，Hg 表示水银）。

只要知道液体的重力密度 γ 与压力值 p，就可计算液柱的高度大小。

例如，一个标准大气压相应的水柱高度为

$$h = \frac{101337\text{N/m}^2}{9810\text{N/m}^2} = 10.33\text{mH}_2\text{O}（米水柱）$$

相应的汞柱高度为

$$h' = \frac{101337\text{N/m}^2}{133318\text{N/m}^2} = 0.76\text{mHg}$$

$$= 760\text{mmHg}（毫米汞柱）$$

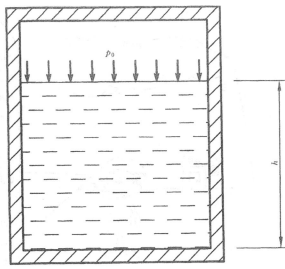

图 2-8　密闭水箱

在通风工程中常遇到较小的压力，一般用毫米水柱表示。

对于国际单位制：1mmH$_2$O = 9.81N/m^2；

对于工程单位制：1mmH$_2$O = 1kgf/m^2。

【例题 2-1】　有一个密闭水箱，如图 2-8 所示，自由表面上的绝对压力 $p_0 = 132.4\text{kPa}$，水箱内水的深度 $h = 2.8\text{m}$，试求水箱底面上的绝对压力和相对压力值（当地大气压力 $p_\text{a} = 98.1\text{kN/m}^2$）。

【解】　由于 $p = p_0 + \gamma h$，所以

$$p = 132.4\text{kPa} + 9.81\text{kN/m}^3 \times 2.8\text{m}$$
$$= (132.4 + 27.5)\text{kN/m}^2 = 159.9\text{kPa}$$

由于 $p_\text{g} = p - p_\text{a}$，所以

$$p_\text{g} = (159.9 - 98.1)\text{kN/m}^2 = 61.8\text{kPa}$$
$$= 6.3\text{mH}_2\text{O}$$

【例题 2-2】　烟囱抽力分析如图 2-9 所示，若烟囱高度 $H = 30\text{m}$，烟气平均温度 $t = 300°\text{C}$，平均重力密度 $\gamma_\text{y} = 4.3164\text{N/m}^3$，空气重力密度 $\gamma_\text{k} = 12.6549\text{N/m}^3$，试求该烟囱的抽力 Δp，以 mmH$_2$O 表示之。

【解】　烟囱抽力是由于炉门 B 内外两侧所受的气体压力不相等而引起的气体流动，烟囱的抽力效应如图 2-10 所示。因此，烟囱的抽力 $\Delta p = p_1 - p_2$。

我们将气体按不可压缩流体对待，则密度 ρ 可视为常数，气体在重力作用下压力分布规律与液体相同。

根据公式（2-1），$p = p_0 + \gamma h = p_\text{a} + \gamma h$，所以

$$p_1 = p_\text{a} + \gamma_\text{k} H$$
$$p_2 = p_\text{a} + \gamma_\text{y} H$$

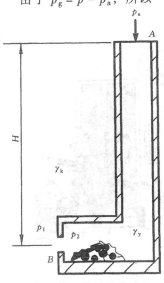

图 2-9　烟囱抽力分析

我们知道,燃烧需要空气(实际上是氧气)助燃,造烟囱的目的就是为了使氧气进入炉内助燃。炉子点火后,炉里的空气受热后具有很高的温度,其密度降低,向上升起,新的冷空气就会补充进炉子,燃料与更多的氧气结合,燃烧会更旺。

烟囱中的高温气体的密度比周围环境中的空气密度小,从而形成压力差,产生抽力,使高温气体上升到烟囱的顶端冒出来。

烟囱造得越高,压力差就越大,这样才能更快地把炉内燃烧后产生的气体产物排出,使更多新鲜空气更快地进入炉内。反过来,如果烟囱造得很矮,压力差就很小,产生的抽力也小,燃烧不充分,而且极有可能使炉火熄灭。

图 2-10　烟囱的抽力效应

所以烟囱的抽力 Δp 为

$$\Delta p = p_1 - p_2 = (\gamma_k - \gamma_y)H = (12.6549 - 4.3164) \times 30$$
$$= 250.155N/m^2 = 25.5mmH_2O$$

结果表明,烟囱的抽力 Δp 与烟囱高度成正比。这就是烟囱造得高的道理。

根据这个道理,吃火锅时(图 2-11),有时火烧得不旺时,服务员会拿来一截小烟囱放在锅盖中间的火口上,产生的抽力会使更多的新鲜空气进入火锅内,火就会烧得更旺。

超高层建筑中垂直的楼梯间、电梯井、衣物滑槽以及封堵不严密的管道井,犹如烟囱,火灾时,烟囱的抽力会助长烟气火势的蔓延。这就是烟囱效应。建筑高度越高,烟囱效应越强烈。因此在高层建筑中,电梯的供电系统在火灾时随时会断电,千万不要乘普通的电梯逃生(图 2-12)。

图 2-11　火锅的小烟囱

图 2-12　火灾时千万不要乘普通的电梯逃生

【例题 2-3】 如图 2-13 所示，在水箱侧壁 A 点安装一个金属压力表，安装高度 $h_0 = 1m$，压力表读数为 40kPa，试求水箱中水的深度 H 为多少？

【解】 在工程上测量较大压力时常用金属压力表。

根据静压力基本方程式，A 点的相对压力为

$$p_{Ag} = \gamma h_A$$

所以 $h_A = \dfrac{p_{Ag}}{\gamma} = \dfrac{40 \times 10^3 \text{N/m}^2}{9810 \text{N/m}^3} = 4.08m$

由于 $h_0 = 1m$，所以水箱中的水深

$$H = h_A + h_0 = 4.08 + 1 = 5.08m$$

结果表明，从压力表读数的大小可以知道水箱的水位高低。

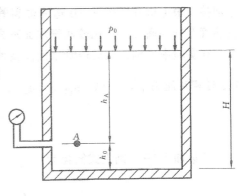

图 2-13 在水箱侧壁安装一个金属压力表

思　　考

1. 什么叫自由表面？什么叫表面压力？
2. 绝对压力、相对压力、真空度之间的关系如何？它们的单位有哪几种表示方式？

第三节　静压力基本方程式的意义及其应用

为什么从锅炉旁的玻璃管水面高度，可以知道锅炉里的水面高低？

为什么茶壶嘴比壶身高？

一、静压力基本方程式的意义

实验 如图 2-14 所示，取一容器盛满水，在不同高度的点 1、2 处的容器壁上开孔，

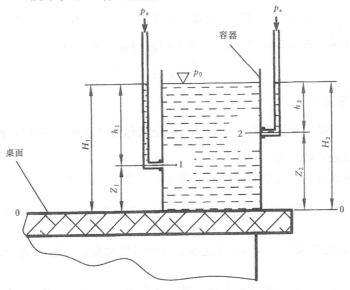

图 2-14 静压力基本方程式的意义

分别接一根上端开口的 A、B 透明塑料管或玻璃管（即测压管），观察水沿透明塑料管或玻璃管上升的高度。试比较两管水面离桌面的高度。

在实验中看到，两玻璃管水面离桌面的高度是一样的，即 $Z_1 + h_1 = Z_2 + h_2$。因为点 1、2 处相对压力 $p_{g1} = \gamma h_1, p_{g2} = \gamma h_2, h_1 = \dfrac{p_{g1}}{\gamma}, h_2 = \dfrac{p_{g2}}{\gamma}$，所以，

$$Z_1 + \frac{p_{g1}}{\gamma} = Z_2 + \frac{p_{g2}}{\gamma}$$

两边加上 $\dfrac{Pa}{r}$，则上式简化为

$$Z_1 + \frac{p_1}{\gamma} = Z_2 + \frac{p_2}{\gamma}$$

因为静止的水中 1、2 点是任选的，所以上述的关系式可以推广到整个静止液体，得出具有普遍意义的规律。即

$$Z + \frac{p_g}{\gamma} = C_1 \quad Z + \frac{p}{\gamma} = C_2 \quad (C_1, C_2 \text{ 为常数}) \tag{2-6}$$

公式（2-6）也是常用的静力学基本方程式的另一种形式。它表明在同一种静止液体中，任何点上的 $\left(Z + \dfrac{p_g}{\gamma}\right)$ 总是一个常数。

（一）物理意义

从物理学观点讲，$Z + \dfrac{p}{\gamma} = C$ 方程中的各项，表示的是某种能量，单位为米。

Z 表示单位重量流体相对于基准面具有的位置势能，简称位能。

$\dfrac{p}{\gamma}$ 表示单位重量流体所具有的压力势能，简称压能。

$\left(Z + \dfrac{p}{\gamma}\right)$ 表示单位重量流体位能与压能之和，称为总势能。

因此，$Z + \dfrac{p}{\gamma} = C$ 方程的物理意义是：在重力作用下的静止液体中，各点相对同一基准面的总势能相等。在图 2-14 中，1、2 两点的总势能相等，即

$$Z_1 + \frac{p_{g1}}{\gamma} = Z_2 + \frac{p_{g2}}{\gamma}$$

（二）水力学意义

从水力学观点讲，单位重量流体所具有的能量称为"水头"。所以，$Z + \dfrac{p}{\gamma} = C$ 方程中的各项表示的是某种水头，单位为米。

Z 是液体质点离某一基准面的高度，称为位置水头，简称位头；

$\dfrac{p}{\gamma}$ 是反映在静压力作用下，液体质点沿测压管上升的高度，称为压力水头，简称压头；

$\left(Z + \dfrac{p}{\gamma}\right)$ 是位置水头与压力水头之和，称测压管水头，常用 H 表示。

可见，$\left(Z + \dfrac{p}{\gamma}\right) = C$ 方程的水力意义是：在重力作用下的液体中，各点的测压管水头

均相等。在图 2-14 中，

因为 $Z_1 + h_1 = Z_2 + h_2$

所以 $H_1 = H_2$

（三）几何意义

从几何学观点讲，$Z + \dfrac{p}{\gamma} = C$ 方程中的各项，表示的是某种高度，各种高度之间的关系可以通过几何图形表示出来，如图 2-14 所示。

Z 表示液体质点离某一基准面的高度，称为位置高度；

$\dfrac{p}{\gamma}$ 表示液体质点沿测压管所能上升的高度，称为测压管高度；

$\left(Z + \dfrac{p}{\gamma} \right)$ 是流体质点位置高度与测压管高度之和，表示测压管液面到基准面的垂直高度。

由于 $Z + \dfrac{p}{\gamma} = C$，所以各点测压管液面的连线（称测压管水头线）是一条与基准面平行的水平线 AB，这表明在重力作用下的液体中，各点测压管液面到基准面的垂直高度处处相等。这也就是静压力基本方程式的几何意义。

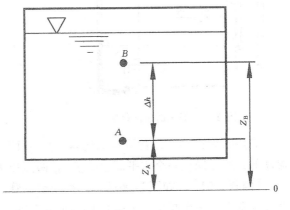

图 2-15 油罐

【例题 2-4】 如图 2-15 所示，油罐中 A 点的相对压力 $p_A = 29.43\text{kPa}$，A、B 两点相距 $\Delta h = 2.5\text{m}$，油的重力密度 $\gamma = 8.83\text{kN/m}^3$，试求 B 点的相对压力 p_B。

【解】 根据公式（2-6），$Z + \dfrac{p}{\gamma} = C$，所以

$$Z_A + \frac{p_A}{\gamma} = Z_B + \frac{p_B}{\gamma}$$

$$p_B = p_A - \gamma_y(Z_B - Z_A) = p_A - \gamma_y \Delta h = (29.43 - 8.83 \times 2.5)\text{kN/m}^2$$
$$= 7.35\text{kN/m}^2 = 7.35\text{kPa}$$

二、静压力基本方程式的应用

（一）等压面

由静压力基本方程 $p = p_0 + \gamma h$ 可知，液体在同一深处各点具有相同的压力值。从前面的实验中看到，两玻璃管水面是在同一水平面上的。因此，把由压力相等的各点所组成的面叫等压面。如图 2-16 所示，容器中液体与气体的分界面 0—0（自由表面）上的压力均为 p_0，所以自由表面就是等压面。

等压面的概念对解决许多流体平衡问题很有用，正确地选择等压面可以方便地建立静力学平衡方程，简化计算。

判断水平面是否为等压面的方法是：

1．任选一个水平面；

2．判断水平面所接触的流体是否为静止的流体；

3．判断水平面所接触的流体是否为同一种性质的流体；

4．判断水平面所接触的流体是否为连续。

如果水平面所接触的流体是静止、同种、连续的流体，水平面就是等压面；如果不能同时满足这三个条件，水平面就不是等压面。等压面条件分析如图 2-16，图中 A–A 水平面就不是等压面，即 $p_a = p_b \neq p_c \neq p_d$。因为质点 a 与质点 c 虽然都静止、同种流体，但不连续（中间被空气隔断开），质点 c 与质点 d 虽都静止、连续，但流体种类不同。同理，B–B 水平面也不是等压面，而 C–C 水平面是等压面。

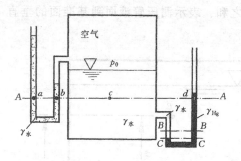

图 2-16 等压面条件分析

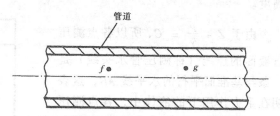

图 2-17 流动的液体或气体

又如图 2-17 中流动的液体或气体，f、g 两点虽同种、连续，但不静止，管内液体是流动的，所以同在一个水平面上的 f、g 两点压力也不相等。

【例题 2-5】 如图 2-18 所示。有一玻璃管与密闭容器相连通，用来测量压力。若水在玻璃管上升一定高度，$h_1 = 1.0m$，$h_2 = 2.0m$，试求容器水面上气体的绝对压力 p_0 和相对压力 p_{og}。当地的大气压力 $p_a = 98.1kN/m^2$。

【解】 沿容器内水面取等压面 0—0，在等压面上取 1、2 点分析之。根据公式（2-2）

$p_2 = p_a + \gamma (h_2 - h_1) = 98.1kN/m^2 + 9.81 (2-1) kN/m^2 = 107.91\ kN/m^2 = 107.91kPa$

因此，$p_0 = p_1 = p_2 = 107.91kN/m^2$

$$p_{0g} = p_0 - p_a = 107.91 - 98.1 = 9.81kPa$$

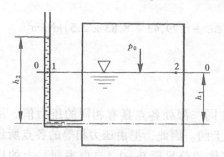

图 2-18 测量压力（一）

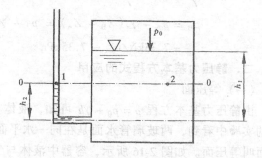

图 2-19 测量压力（二）

【例题 2-6】 接上题，若玻璃管与容器连通后，玻璃管中的水位不是上升而是下降一定的高度，如图 2-19 所示。$h_1 = 1.0m$，$h_2 = 0.5m$，试求容器水面上气体的绝对压力 p_0 与

相对压力 p_{og} 以及真空度 h_v（以汞柱高度表示）。

【解】 沿玻璃管内水面取等压面 $0-0$，在等压面上取 1、2 点分析之。根据公式(2-3)

$$p_1 = p_o + \gamma(h_1 - h_2)$$

又

$$p_1 = p_2 = p_a$$

所以

$$p_o + \gamma(h_1 - h_2) = p_a$$

$$p_o = p_a - \gamma(h_1 - h_2)$$

$$= 98.1\text{kN/m}^2 - 9.81(1 - 0.5)\text{kN/m}^2$$

$$= (98.1 - 4.91)\text{kN/m}^2 = 93.19\text{kN/m}^2 = 93.19\text{kPa}$$

$$p_{og} = p_o - p_a = (93.19 - 98.1)\text{kN/m}^2 = -4.91\text{kN/m}^2 = -4.91\text{kPa}$$

$$p_v = |p_{og}| = 4.91\text{kPa}$$

$$h_v = \frac{p_v}{\gamma_{Hg}} = \frac{4.91\text{kN/m}^2}{133.318\text{kN/m}^2} = 0.037\text{mHg} = 37\text{mmHg}$$

（二）连通器

连通器就是互相连通的两个或几个容器。例如卫生器具的存水弯、水位计都是连通器；用管道连通的两个水桶也是连通器。

连通器有下列三种情况。

1. 液体重力密度相同 $\gamma_1 = \gamma_2$，且液面压力相等 $p_1 = p_2$ 的连通器（图 2-20）

实验 如图 2-21 所示，拿一截透明的软塑料管。将里面装上水，把管子两边抬高，观察管内两边水面的变化，你会看到两边管子里的水面是一样平的；把一边管子向上拉，使这边管子高于另一边，结果会怎样呢？

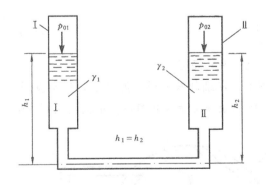

图 2-20　测量压力（三）

图 2-21　测量压力（四）

你会看到两边管子里的水面仍然保持一样平，并没有出现一边高一边低的现象，这个现象被称做"U 型管现象"，它反映了在连通器中的液体表面变化的规律。

这种情况表明，**装有同种液体，且液面压力相等的连通器，其液面高度相等 $h_1 = h_2$。**

工程上根据这一原理制作了液位计、水塔或水箱。建筑安装工人根据这一原理，拿一截透明的软塑料管来确定相距较远的两点处于同一标高，以便用粉线弹出水平线。

根据连通器原理，将卫生器具（如洗面器）的排水管做成弯曲状（图 2-22）。卫生器具（如洗手池）的排水管的弯曲管道构成了一个 U 形连通器，当洗手池里的水排空后，U 形连通器里内始终保持一定量的水，且 U 形连通器两边的管子里的水面相平，这样既不会影响排水，又隔绝了地下水道中臭气返回室内的通路。假如用直管，当池中水排空后，管道里不能保持一定量的水，室内就会充满了从地下道里逸出的臭气。

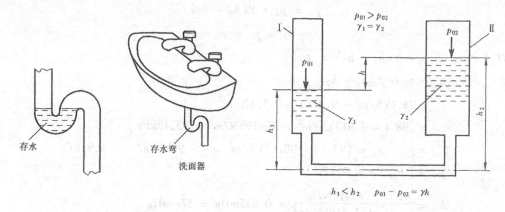

图 2-22　存水弯　　　　　　　　图 2-23　液面压力不等的连通器

2. 液体重力密度相同，但液面压力不等的连通器（图 2-23）

这种情况表明，装有同种液体，液面压力不等的连通器，其液面上的压力差等于液体重度与液面高度差的乘积。$p_{01} - p_{02} = \gamma h$

工程上根据这一原理制作了各种液柱式测压计。如图 2-18 和图 2-19 所示的测压管，反映了液面压力与液面高度（液位）的关系，即低压高位，高压低位。

3. 液体重力密度不同，但液面压力相等的连通器（图 2-24）

这种情况表明，装有两种互不掺混的液体连通器，当液面压力相等时，液体重力密度之比等于自分界面液面高度的反比。

$$\frac{\gamma_1}{\gamma_2} = \frac{h_2}{h_1} \tag{2-7}$$

工程上常根据这一原理测定液体重力密度和进行液柱高度换算。

连通器原理在我们身边的应用是很广的。例如，仔细观察家里用的茶壶，你会发现，所有的茶壶嘴必然比壶身高或至少与壶身齐平，假如壶嘴比壶身低的话；水就会从壶嘴中流出，这个茶壶就永远也灌不满水。

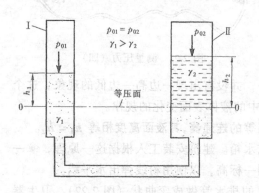

图 2-24　液面压力相等的连通器

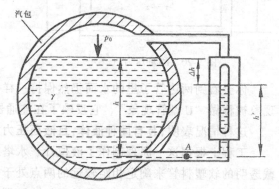

图 2-25　汽包水位计

【例题 2-7】　有一直接装在锅炉汽包上的水位计，如图 2-25 所示。由于玻璃管和连

24

通管的散热，水位计中的水温比汽包中的水温低一些。已知汽包中的表面绝对压力 $p_0 = 1.4\text{MPa}$，汽包中水的饱和温度相应为 194℃，重力密度 $\gamma = 8710\text{N/m}^3$；水位计中水温为 140℃，相应的重力密度 $\gamma' = 9260\text{N/m}^3$。水位计读数 $h' = 300\text{mm}$ 时，求锅炉汽包与水位计的水位差 Δh 是多少？汽包中的实际水位 h 是多少？相对误差为多少？

【解】 此题实际上是一个表面压力相同而容器内液体重力密度不同的连通器，属于上述第三种连通器。在连通器上取质点 A 进行分析，A 点左、右两侧压力相等，并略去高度为 Δh 一段蒸汽柱的重量，则

$$\gamma h = \gamma' h'$$

$$8710 h = 9260 \times 0.3$$

$$h = \frac{926 \times 0.3}{871} = 0.319\text{m} = 319\text{mm}$$

由于 $h = h' + \Delta h$，所以

$$\Delta h = h - h' = （319 - 300）\text{mm} = 19\text{mm}$$

设相对误码差为 φ，即

$$\varphi = \frac{\Delta h}{h} = \frac{19}{319} = 0.06 = 6\%$$

从以上计算可以看出，水位误差取决于锅炉中水与水蒸气的参数和水位计与连通器的散热量。参数愈高、散热愈强烈，则水位误差就愈大。因此，应做好水位计与连通器的保温，以减小水位计的指示误差。

【例题 2-8】 某连通器装有两种互不掺混的液体，测定液体重力密度如图 2-26 所示。已知 $\gamma_1 = 9.810\text{kN/m}^3$，大气压力 $p_a = 98.10\ \text{kN/m}^2$，各液面深度如图所示，试求 γ_2 和 A 点压力。

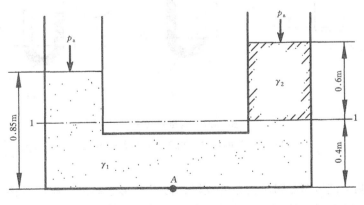

图 2-26 测定液体重力密度

【解】 （1）求 γ_2
取两种液体的分界面为等压面 1-1，按连通器第三种情况可得

$$\gamma_2 = \gamma_1 \frac{0.85 - 0.4}{0.6} = 9.810 \times \frac{0.45}{0.6} = 7.358 \text{ kN/m}^3$$

（2）求 p_A

据静压力基本方程

$$p_A = p_a + 0.85\gamma_1 = 98.10 + 0.85 \times 9.810 = 106.44\text{kN/m}^2$$

或

$$p_A = p_a + 0.6\gamma_2 + 0.4\gamma_1$$

$$= 98.10 + 0.6 \times 7.358 + 0.4 \times 9.810 = 106.44\text{kN/m}^2$$

（三）液柱式测压计

在工程上经常需要测量压缩机、泵、风机、某些管道断面流体压力等。液柱式测压计简单、直观、方便、经济，因而在工程上得到了广泛应用。下面介绍几种常用的液柱式测压计。

1．测压管

测压管是一根直径不小于 5mm，两端开口的玻璃直管或 U 形管，应用时一端连接在被测容器或管道上，另一端开口与大气相通，如图 2-27 所示，根据管中液面上升的高度可以得到被测点的流体静压力值。

通常，测液体压力时，U 形管中装水银或其他重力密度大的液体；测气体压力时，U 形管中装水或酒精（图 2-28）。

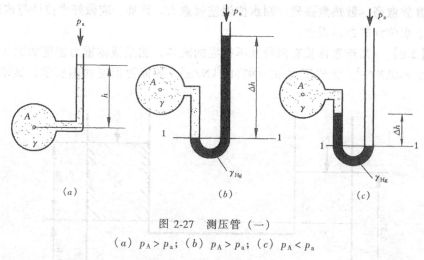

图 2-27　测压管（一）

(a) $p_A > p_a$；(b) $p_A > p_a$；(c) $p_A < p_a$

2．压差计

压差计是测量流体两点间压力差的仪器，常用 U 形管制成，应用时接于被测流体 A、B 两处，如图 2-29 所示，按 U 形管中水银的高度差可计算出 A、B 两处的压力差。

3．微压计

在测定较小压力（或压力差）时，为了提高测量精度，可以采用斜式微压计，如图 2-30 所示。微压计一般用于测量气体压力，它的测压管是倾斜放置的，与水平方向夹角为 α。当容器中液面与测压管液面的高度差为 h，测量读数为 l 时，容器中液面的绝对压力

和相对压力分别为

$$p = p_a + \gamma l \sin\alpha \tag{2-8}$$

$$p_x = \gamma l \sin\alpha \tag{2-9}$$

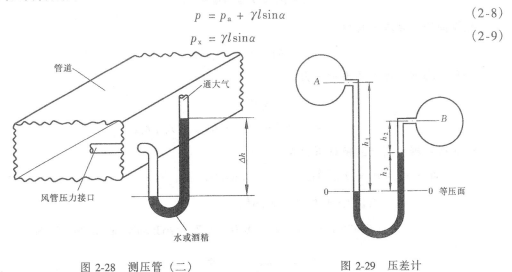

图 2-28　测压管（二）　　　　　　　图 2-29　压差计

可见，当 α 为定值时，只要测取 l 值，就可测出压力或压力差，而且改变测压管的倾角 α 或测量介质重度 γ，可提高测量精度。

【**例题 2-9**】　当被测量的密闭容器压力较高时，为了增加量程，可采用复式水银测压计，如图 2-31 所示。当各玻璃管中的液面高程读数为 $h_{12} = 1.3\mathrm{m}$，$h_{34} = 0.8\mathrm{m}$，$h_{54} = 1.7\mathrm{m}$。液体重度 $\gamma_{Hg} = 133400\mathrm{N/m^3}$，$\gamma_{H_2O} = 9810\mathrm{N/m^3}$。试求容器水面上的相对压力为多少？

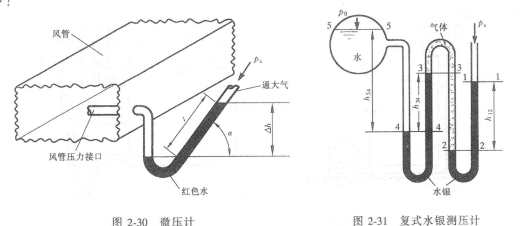

图 2-30　微压计　　　　　　　　　图 2-31　复式水银测压计

【**解**】　根据等压面的规律，2-2、3-3、4-4 分别为等压面。应用静压力基本方程得

$$p_2 = p_a + \gamma_{Hg} h_{12}$$

由于气体重力密度远小于液体重力密度，所以 2-2 及 3-3 间由气柱产生的压力可忽略不计，认为 $p_2 = p_3$，于是

$$p_4 = p_3 + \gamma_{Hg} h_{34}$$

$$= p_a + \gamma_{Hg} h_{12} + \gamma_{Hg} h_{34}$$

$$= p_a + \gamma_{Hg}(h_{12} + h_{34})$$

根据静压力基本方程得

$$p_4 = p_0 + \gamma_{H_2O}h_{54}$$

于是，容器水面上的绝对压力为

$$p_0 = p_4 - \gamma_{H_2O}h_{54}$$

$$= p_a + \gamma_{Hg}(h_{12} + h_{34}) - \gamma_{H_2O}h_{54}$$

由此得容器水面上的相对压力为

$$p_0 - p_a = p_a + \gamma_{Hg}(h_{12} + h_{34}) - \gamma_{H_2O}h_{54} - p_a$$

$$= \gamma_{Hg}(h_{12} + h_{34}) - \gamma_{H_2O}h_{54}$$

$$= 133400(1.3 + 0.8) - 9810 \times 1.7 = 263463 \text{N/m}^2 = 263.5 \text{kPa}$$

思　考

1. 静压力基本方程式各项的物理意义和几何意义是什么？

2. 什么是等压面？等压面的特性和确定条件是什么？

3. 测气体压力时，U 形管中为什么装水或酒精而不是装水银？

4. 如图 2-32 所示，地面上有一个密闭的贮水池和水塔相连通，试问对地面来说，贮水池和水塔中的测压管水头是否相等？为什么？

5. 如图 2-33 所示，密闭容器 I 用橡皮管从 C 点连通容器 II，并在 A，B 两点各接测压管，试问：

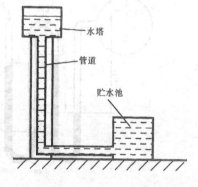

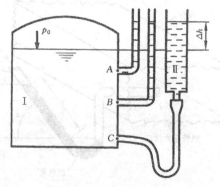

图 2-32　思考题 4 图　　　　　　　　图 2-33　思考题 5 图

(1) A、B 两测压管中水面是否相平？若是相平，A、B 两点压力是否相等？为什么？

(2) 将容器 II 提高 Δh 后，p_0 值比原来增大还是减小？两测压管中水面变化如何？

6. 如图 2-34 所示，容器内液体重度为 γ_1，容器左侧和底部各连接测压管，其中液体重度为 γ_2，试问 A—A、B—B、C—C 水平面是否等压面？为什么？

7. 如图 2-35 所示，重力密度不同的两种液体置于同一容器中，若 $\gamma_2 > \gamma_1$，试问测压管 1 和 2 哪个液面高些？哪个液面和容器的液面平齐？

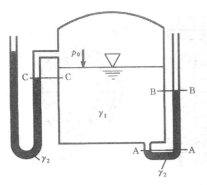

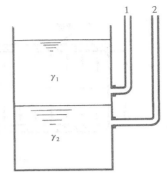

图 2-34　思考题 6 图　　　　　图 2-35　思考题 7 图

第四节　流体作用于容器壁面上的总静压力

如图 2-36 所示，将重物挂在弹簧秤下，再将重物放入水中，观察弹簧秤读数的变化。请问：读数上升还是下降？

一、流体作用于平面上的总静压力

一般压力管道承压较高（如图 2-37a 所示的蒸气管道），在这种压力较高的情况下，流体本身的重力影响是可以忽略不计的，即可略去静压力基本方程 $p = p_0 + \gamma h$ 中的 γh 一项。并认为管内或容器流体中各点的静压力是均匀分布的，而且垂直作用于承受压力的表面上。

当承受压力作用的表面是一个平面（如图 2-37（b）所示的法兰盘）时，静止流体对该平面的总静压力 P 为流体的压力 p 与该平面面积 A 的乘积，其方向与该平面相垂直，即

$$P = pA \qquad\qquad (2\text{-}10)$$

二、流体作用于曲面上的总静压力

如图 2-37（c）所示。当承受流体压力的表面为曲面（管道内表面）时，则曲面上所受的流体压力其方向是不平行的，但大小相等。曲面在某一方向上所受的流体总静压力 P_n，等于流体压力和曲面在该方向上的投影面积 A_n 的相乘积，即

$$P_n = pA_n \qquad\qquad (2\text{-}11)$$

如果要计算球面、锥面以及其他曲面在某方向上所受的流体作用力，只要先计算出曲面在该方向上的投影面积，然后再和压力 p 相乘，即得该方向的流体总静压力。

图 2-36　弹簧的变化

不管什么形状的物体，只要浸在流体中，都会受到流体压力 p 对物体的作用。根据式（2-11）可知，如图 2-36 所示放入水中的重物，在垂直方向的流体总静压力与重力方向相反，因此，弹簧秤读数下降。而弹簧秤所测出的前后重量之差就是初中物理中所说的重物所受到的浮力。

【例题 2-10】　如图 2-38 所示，有一无缝钢管，直径 $D = 200\text{mm}$，管材允许抗拉应力 $[\sigma_p] = 54 \times 10^3 \text{kPa}$。若管内流体压力 $p = 1962\text{kPa}$，试求管壁厚度 δ 为多少？

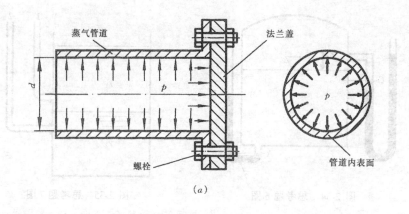

蒸气管道 法兰盖

p

螺栓 管道内表面

(a)

法兰盖

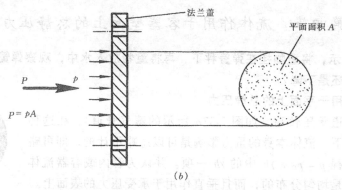

平面面积 A

P p

$P = pA$

(b)

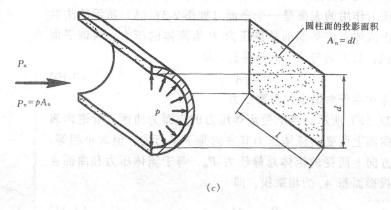

圆柱面的投影面积
$A_n = dl$

P_n

$P_n = pA_n$

p

(c)

图 2-37 蒸气管道

（a）蒸气管道；（b）流体作用于平面上的总静压力计算；（c）流体作用于曲面上的总静压力计算

【解】 设管长为 $l = 1m$，并从直径方向将管道分成两半，取其中的一半（隔离体）分析其受力情况。

设圆管管壁上承受的拉力为 T，根据力的平衡原理和式（2-11）可得

$$2T = P_x = pDl$$

$$T = \frac{1}{2}pDl$$

设拉力 T 在管壁厚度 δ 内是均匀分布的。根据强度计算原理，则

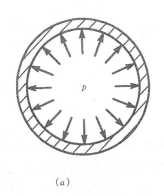

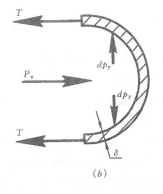

(a)
(b)

图 2-38 例题 2-10 图

$$\sigma = \frac{T}{A} = \frac{T}{l\delta} \leqslant [\sigma_p]$$

$$\frac{\frac{1}{2}pDl}{l\delta} \leqslant [\sigma_p]$$

所以

$$\delta \geqslant \frac{pD}{2[\sigma_p]} = \frac{1962 \times 200}{2 \times 54 \times 10^3} = 3.6\text{mm}$$

【例题 2-11】 如图 2-39 所示制冷压缩机的安全阀，根据液压油系统工作要求，安全阀应在压力 $p = 3\text{MPa}$ 时开启。已知钢球直径 $d = 15\text{mm}$，阀座孔直径 $d = 10\text{mm}$，安全阀回油路背压 $p_回 = 0.2\text{MPa}$，试求弹簧压紧力 $P_簧$（钢球、弹簧的重量不计）。

【解】 弹簧压紧力 $P_簧$ 应等于上、下两球面总静压力之差。

根据式（2-11），向上推开钢球的总静压力 P_1 应等于

$$P_1 = \frac{\pi}{4}d^2 p = \frac{\pi}{4} \times 0.01^2 \times 3 \times 10^6 = 235.5\text{N}$$

背压 $p_回$ 使钢球压紧，它的承压面积在水平面上的投影面积也等于阀座孔截面积，所以 $p_回$ 产生的向下总静压力 P_2 就等于

$$P_2 = \frac{\pi}{4}d^2 p_回 = \frac{\pi}{4} \times 0.01^2 \times 0.2 \times 10^6 = 15.7\text{N}$$

因此，弹簧压紧力 $P_簧$ 应为

$$P_簧 = P_1 - P_2 = 235.5 - 15.7 = 219.8\text{N}$$

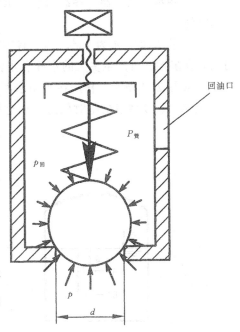

回油口

图 2-39 安全阀

思　　考

1. 静压力基本方程式是怎样的？
2. 什么叫相对压力？
3. 什么叫测压管水头？
4. 什么叫等压面？
5. 如图 2-40 所示，几种不同形状的贮液容器，水面至底面的垂直高度均为 h，容器的底面积 A 相等，试问：（1）各容器底面上受到的静压力是否相同？它与容器形状有无关系？（2）容器底面所受到的总压力是否相等？它与容器所盛水体的重量有无关系？

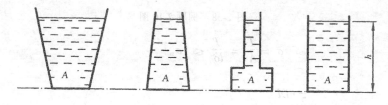

图 2-40

习　　题

1. 一盛水封闭容器，容器内液面压力 $p_0 = 80 \text{kN/m}^2$。液面上有无真空存在？若有，求出真空值。

2. 一活塞面积 A 为 1m^2，其上有重为 $G = 500 \text{N}$ 的物体压在上面，问与活塞接触处水的压力有多大？可产生多大的水柱和水银柱高度？

3. 如图 2-41 所示，作用在水箱水面上的气体绝对压力 $p_0 = 83.4 \text{kN/m}^2$，$h_1 = 1\text{m}$，$h_2 = 2\text{m}$，试求 A、B 两点的绝对压力、相对压力和能够产生的真空度，并用各种单位表示。

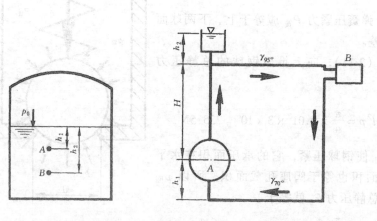

图 2-41　习题 3 图　　　　　　　　图 2-42　习题 4 图

4. 如图 2-42 所示，一个自然循环热水采暖系统，假定锅炉 A 的出水温度为 95℃，散热器 B 的出水温度等于锅炉 A 的进水温度为 70℃，设水温在锅炉中心线和散热器中心线变化，两中心线相距 15m，试求使水产生循环流动的作用压力（提示：可在下部水平管上任取一断面，比较其左右两侧的压力，其压力差即为作用压力）。

5. 如图 2-43 所示，在上端开口的圆柱形液体澄清池中，上部为油，下部为水，量得各测压管的液面高 $h_1 = 1.6\text{m}$，$h_2 = 1.4\text{m}$，$h_3 = 0.5\text{m}$，澄清池直径 $D = 0.4\text{m}$，试求油的重度及池内油的体积。

6. 在通风机的吸风管及排风管中，安装水银比压计，已知 $h = 20\text{mmHg}$，如图 2-44 所示，试求空气流过通风机后，增加压力多少毫米水柱？

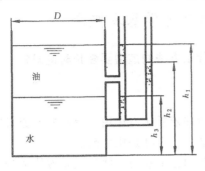 

图 2-43 习题 5 图　　　　　　图 2-44 习题 6 图

7. 如图 2-45 所示，在两根输水管道的断面 A、B 上接水银比压计，已知两管道的高度差 $Z = 0.5\text{m}$，比压计水银面高度差 $h = 0.2\text{m}$，试求 A、B 两处的压强差为多少？

8. 如图 2-46 所示，在盛有汽油的容器里，有一直径 $d_2 = 2\text{cm}$ 的圆阀，并用绳牵于直径 $d_1 = 10\text{cm}$ 的圆柱形浮子上，设浮子及圆阀的重量为 $Q = 1\text{N}$ 时，汽油重力密度 $\gamma = 7.26 \times 10^3 \text{N/m}^3$，而绳的长度 $Z = 15\text{cm}$，问圆阀将在汽油面超过什么高度时才开启？

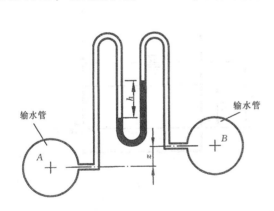 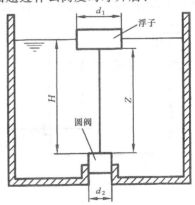

图 2-45 习题 7 图　　　　　　图 2-46 习题 8 图

第三章　流体动力学基础

第一节　流体动力学基本概念

如果开大水龙头灌满游泳池，你能用什么办法知道需要多长时间吗？

一、流体流动的种类

（一）压力流与无压流

当流体运动时，流体充满整个流动空间并依靠压力作用而流动的液流或气流，称为压力流。供热、通风和给水管道中的流体运动，一般都是压力流。

当液体流动时，凡是具有与气体相接触的自由表面，并只依靠液体本身的重力作用而流动的液流，称为无压流。天然河流属于无压流，各种排水管、渠中的液流一般都是无压流。

（二）恒定流与非恒定流

如图 3-1，当流体运动时，流体任意一点的流速、压力、密度等运动要素不随时间而发生变化的流动，称为恒定流（或称稳定流动）。如图 3-1（a）所示，当水从水箱侧孔出流时，由于水箱上部的水管不断充水，使水箱中的水位保持不变，因此侧孔水流的压力、流速均不随时间而发生变化，所以是恒定流。

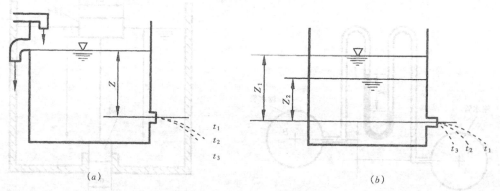

图 3-1　恒定流与非恒定流
（a）恒定流；（b）非恒定流

反之，当流体运动时，流体任意一点的流速、压力、密度等运动要素随时间而发生变化的流动，称为非恒定流（或称非稳定流动）。如图 3-1（b）所示，当水箱无充水管时，随着水从孔口的不断流出，水箱中的水位逐渐下降，导致水流的压力、流速均随时间而发生变化，所以是非恒定流。

在建筑设备工程中，严格来讲，流体的流动都是非恒定流，但工程上认为，在连续操作相当长的一段时间内，只要流体的流速、压力等运动要素变化不大，都可近似按恒定流处理。

例如，调节阀门、开动水泵或风机，在短暂时间内，管道中流体的速度、压力随时间迅速变化，故为非恒定流。但是在调节阀门之后，以及水泵或风机开动后的相当长时间内，管中流体的流速及压力不随时间而发生变化，则仍然是恒定流。由于恒定流在上述过程中占主导地位，非恒定流在次要地位，因而可以把上述整个过程视为恒定流。

二、理想流体

流体运动时，由于流体本身黏滞性的存在，而且黏滞性只是在流体运动时才表现出来，因此在研究流体流动时必须考虑黏性的影响。流体中的黏性非常复杂，为了分析和计算问题的方便，开始分析时可先假设流体没有黏性，然后再考虑黏性的影响，并通过实验验证等办法对上述结论进行补充或修正。对于流体的可压缩性的问题，也可用同样的方法来处理。为此，引入理想流体的概念。

所谓理想流体，是指不考虑黏性作用的流体。而实际流体，则是指客观存在的具有黏性的流体。理想流体虽然在客观上是不存在的，但是它的提出，简化了流体的物理性质。对黏性不起作用或不起主要作用，可以忽略其影响，按理想流体处理。而对另外一些黏性作用较大，不能忽略其影响，可先按理想流体分析，得出主要结论后，再考虑黏性加以必要的修正。这样的分析方法，比直接研究实际流体要简单些。

三、流量和平均流速

流量和平均流速是描述流体流动的主要参数。流体在管道中流动时，通常将垂直于流体流动方向的截面称为过流断面。

过流断面，如图 3-2 所示，当流体流动方向互相平行时，过流断面为平面；当流体流动方向互相不平行时，过流断面为曲面。

流体运动时，单位时间内通过过流断面的流体数量，称为流量。如图 3-3 所示流量分析，体积为 V 的容器，装满水时所需的时间为 t，则侧孔管口处的流量为

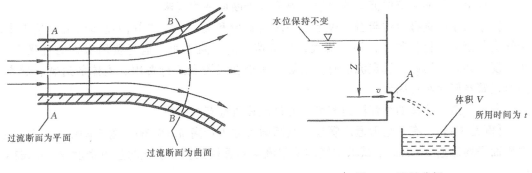

图 3-2　过流断面　　　　　　　　　　图 3-3　流量分析

$$Q = \frac{V}{t}$$

流量与流速的关系如图 3-4，如果管口流速越快，过流断面面积越大，那么装满水时所需的时间就越短。这说明流量与流速、过流断面面积成正比。

流体运动时，由于黏性影响，过流断面上的流速分布是不均匀的。例如，流体在圆管内流动时，在黏性影响较大的情况下，过流断面上各点流速 u 呈抛物线分布规律，如图3-4（a）所示，由于过流断面上流体各点的流速不等，计算流量很不方便。

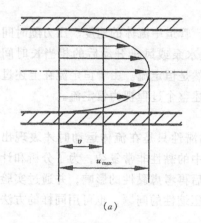

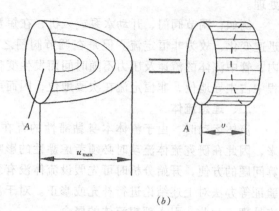

(a)

(b)

图 3-4　流量和流速的关系

如图 3-4 （b） 所示，单位时间内通过过流断面的流体体积，按实际流速计算，是一个以过流面积 A 为底、以流速分布曲线为周边的曲面体。按断面平均流速计算，则是一个以 A 为底、以断面平均流速 v 为高的圆柱体。但它们的体积是相等的，因此

$$Q = vA \tag{3-1}$$

式中　v——过流断面上流体的平均流速。

若流体数量是体积的大小，称为体积流量，简称流量，用符号 Q 表示，单位是 m^3/s；若流体数量是重量的大小，称重量流量，用符号 G 表示，单位是 N/s，且

$$G = \gamma Q \tag{3-2}$$

假想在单位时间内，过流断面上各点处的流速均匀分布，则断面平均流速

$$v = \frac{Q}{A} \tag{3-3}$$

工程上所指的管道中流体的流速，就是这个断面平均流速 v。

流速大小的选择合适与否，决定了系统的造价和耗电。如果管内流体的流速选得小，则管道截面大，耗材料多，初投资大，但流速小时，阻力小，运行费用低，而且噪声也小。反之亦然。因此在选定流速时，要综合考虑初投资和运行费用、人体舒适感、噪声，乃至建筑空间大小等因素。

各种管道内流体的推荐流速和最大允许流速可查有关手册。

【例题 3-1】　有一矩形通风管道，其断面尺寸为：高 $h = 0.3$m，宽 $b = 0.5$m，若管道内断面平均流速 $v = 7$m/s，试求空气的体积流量和重量流量（空气的重力密度 $\gamma = 12.68$N/m^3）。

【解】　根据公式 （3-1），空气的体积流量　$Q = vA = 7 \times 0.3 \times 0.5 = 1.05$ m^3/s

又根据公式 （3-2），空气的重量流量　$G = \gamma Q = 12.68 \times 1.05 = 13.31$ N/s

【例题 3-2】　已知蒸汽的重量流量 $G = 19.62$ kN/h，重力密度 $\gamma = 25.7$ N/m^3，断面平均流速 $v = 25$m/s，试求蒸汽管道的直径。

【解】　由于蒸汽管的过流面积 $A = \frac{1}{4}\pi d^2$，根据 （3-1） 与 （3-2） 式

$$G = \gamma Q = \gamma vA = \frac{1}{4}\pi d^2 \gamma v$$

代入 $v = 25\,\mathrm{m/s}$，$\gamma = 25.7\,\mathrm{N/m^3}$，$G = 19.62\,\mathrm{kN/h} = \dfrac{19.62}{3600} \times 10^3 = 5.45\,\mathrm{N/s}$

由此可得蒸汽管道的直径

$$d = \sqrt{\frac{4G}{\pi\gamma v}} = \sqrt{\frac{4 \times 5.45}{3.14 \times 25.7 \times 25}} = 0.104\mathrm{m} = 104\ \mathrm{mm}$$

【例题 3-3】 已知某输水管道内径为 150mm，水的重量流量 $G = 980\,\mathrm{kN/h}$，水的重力密度 $\gamma = 9.81\,\mathrm{kN/m^3}$，试求断面平均流速。

【解】 据公式（3-2），水流的体积流量

$$Q = \frac{G}{\gamma} = \frac{980}{9.81} = 100\ \mathrm{m^3/h} = 0.028\mathrm{m^3/s}$$

根据公式（3-3），水管内的平均流速为

$$v = \frac{Q}{A} = \frac{0.028}{\dfrac{\pi}{4} \times 0.15^2} = 1.59\ \mathrm{m/s}$$

思　　考

1. 什么是恒定流与非恒定流？试举例说明之。

2. 什么是体积流量、重量流量？什么是断面平均流速？平均流速与流量有何关系？

第二节　恒定流连续性方程

恒定流连续性方程式是质量守恒定律在流体力学中的具体表现形式，它反映了流体各断面平均流速沿流向的变化规律。

为什么江河狭窄处的水流较急？

一、恒定流连续性方程式及意义

连续性方程如图 3-5 所示，在管道内取两过流断面为 A_1，A_2。假定流体不可压缩，在恒定流条件下，根据质量守恒定律得出

$$A_1 v_1 = A_2 v_2 \qquad (3\text{-}4)$$

或

$$\frac{v_1}{v_2} = \frac{A_2}{A_1}$$

由于管道两端的过流断面是任意选取的，故

$$Q = Av = 常数 \qquad (3\text{-}5)$$

图 3-5　连续性方程

式（3-5）称为恒定流连续性方程式。对于理想流体和实际流体均适用。式（3-5）又称不可压缩流体的连续性方程式，该式表明：

1. 不管平均流速和过流断面沿着管道方向怎样变化，流过不同断面的流量是不变的；

2. 过流断面上的平均流速与其过流断面面积成反比。可想而知，对于圆形管道，必然是断面平均流速与管径的平方成反比，即

$$\frac{v_1}{v_2} = \frac{d_2^2}{d_1^2} \tag{3-6}$$

应用连续性方程，可以很方便地求得管道内的流速或通过各过流断面的流量。同时可得到不同管径与其流速间的关系，即管子细的地方流速大，管子粗的地方流速小。

二、连续性方程式的应用

在应用恒定流连续性方程式时，应注意以下几点：

1. 流体必须是恒定流。对于非恒定流就不能应用连续性方程式。

2. 流体必须是连续的。当流体产生汽化（如水中有气泡）现象，其连续性遭到破坏，也不能应用连续性方程式。

3. 要分清是可压缩流体还是不可压缩流体，以便采用相应的公式进行计算。

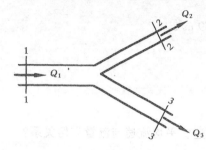

图 3-6　三通管分流

若在工程中遇到可压缩流体，连续性方程式应为

$$\gamma_1 Q_1 = \gamma_2 Q_2 = G = 常数 \tag{3-7}$$

对于长距离的输油管道及输送天然气的管道等，考虑到重力加速度 g 的变化，连续性方程式应为

$$\rho_1 Q_1 = \rho_2 Q_2 = \rho Q = 常数 \tag{3-8}$$

4. 对于流量沿程有分支的管道（如通风管道、供水管网等），根据质量守恒定律，仍可应用恒定流不可压缩流体连续性方程，但方程的表达形式要根据具体情况而定。三通管分流如图 3-6 所示，不可压缩流体连续性方程式应写成：

$$Q_1 = Q_2 + Q_3$$

思　　考

1. 恒定流连续性方程怎样表达？意义如何？

2. 为什么快速摆动油压千斤顶的手柄，重物并不是快速的上升？

第三节　恒定流能量方程

1. 两条小船并排前进时，为什么随时会有碰撞的危险？

2. 将漏斗的喇叭口正对着蜡烛火焰，用力吹，能吹灭蜡烛吗？

实验　水流的能量变化如图 3-7 所示，水箱中的水经直径不同的管段恒定出流，现在我们选取管道下方的水平面 0—0 为基准面，并在 A、B、C、D 各点分别接测压管，来观察水流的能量变化。

当阀门关闭，水静止时，可以看到各测压管中的水面与水箱水面齐平。它表明，尽管水箱水面及 A、B、D 各点具有不同的位置势能（由各点相对位置所决定）和压力势能（由各测压管所显示），但两者之和均相等。这就是说，静止流体中流体各点的测压管水头（即势能之和）均相等。

当打开阀门，水流动时，就会发现各测压管中的水面均有不同程度的下降，它表明已有部分势能转化为水流运动的动能。其中，由于 A、C 断面较小，根据连续性方程式，断面平均流速与过流面积成反比，所以 A、C 断面的流速较大，即水流动能较大。因此，测

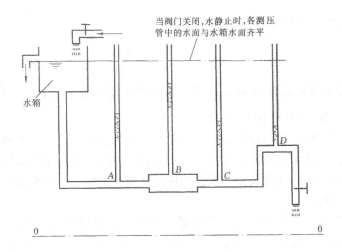

图 3-7　水流的能量变化

压管 A、C 中的水面下降幅度要比管 B 大些。如果管段 AC 足够长，还会发现，尽管 A 断面与 C 断面的过流面积相等，流速不变，水流动能也一样，但 A、C 两测压管水面相比，C 管中的水面要稍低些。它表明，水流动时，因克服流动阻力，液体的部分机械能已转化为热能而散失掉了。

以上实验说明：流体的机械能包括位能（位置势能）、压能（压力势能）和动能。流体运动时，因克服流动阻力，还会引起机械能的损耗。

流体在运动过程中，上述各项能量之间的关系究竟如何呢？恒定流能量方程式就是要建立它们之间的关系，并以此说明流体的运动规律。

恒定流能量方程式（又称能量方程式）是能量转换与守恒定律在流体力学中的具体表现形式，它反映了流体各处位置、压力和流速之间的变化规律，意义重要，应用广泛。

一、恒定流能量方程式

（一）理想流体的能量方程式

当流体在能量方程式推导简图图 3-8 所示的管道中流动时，任取两过流截面 A_1、A_2，其离基准线的距离分别为 h_1、h_2，流速分别为 u_1、u_2，压力分别为 p_1、p_2，根据物理中的能量守恒定律推导出的理想流体能量方程式为

$$Z_1 + \frac{p_1}{\gamma} + \frac{u_1^2}{2g} = Z_2 + \frac{p_2}{\gamma} + \frac{u_2^2}{2g} \tag{3-9}$$

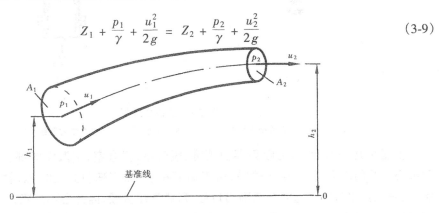

图 3-8　能量方程式推导简图

由于 A_1、A_2 截面是任意取的，故

$$Z + \frac{p}{\gamma} + \frac{u^2}{2g} = 常数 \tag{3-10}$$

式(3-10)即为理想流体的能量方程式。而静力学基本方程式 $\left(Z_1 + \dfrac{p_1}{\gamma} = Z_2 + \dfrac{p_2}{\gamma} \right)$ 则是理想流体能量方程式(流速为零)的特例。

当管道水平放置时，管内各截面处的位置水头可认为相等，或位置高低的影响甚小可以忽略不计时，流体的流速越高，它的压力就越低。例如，在一粗细不等的水平管道中，截面较细的位置处液体的流速较高，液体的压力就较低；相反，在截面较粗的位置处速度较低，而压力就较高。

根据能量方程式，人们制造出各种水暖工程设备，以满足工业生产和人们生活的需要，如离心式制冷压缩机可压缩和输送制冷剂 [图 3-9（a）]、水力喷射器可冷凝和抽真空 [图 3-9（b）]、电冰箱的毛细管可节流降压。

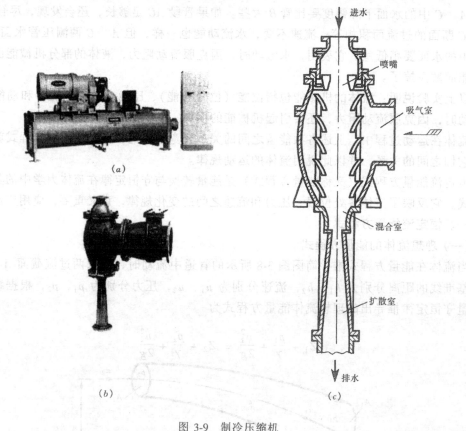

图 3-9　制冷压缩机
（a）离心式制冷压缩机；（b）水力喷射器；（c）水力喷射器结构图

如图 3-9(c)所示，水力喷射器由喷嘴、吸气室、混合室、扩散室等部分组成，工作时，借助离心水泵的动力，将水压入喷嘴，由于断面积小，以高速(15～30m/s)射入混合室及扩散室，后进入排水管中。这样在喷嘴出口处，形成低压区域，因此会不断吸入二次蒸汽，由于二次蒸汽与冷水之间，有一定温度差，两者进行热交换后，二次蒸汽凝结为冷凝水，同时夹带不

凝结气体,随冷却水一起排出。这样达到冷凝,又能起抽真空作用。

1912 年秋季的某一天,当时世界上最大的远洋轮船——"奥林匹克号"正航行在大海上。在离"奥林匹克号"100m 远的地方,有一艘比它小得多的铁甲巡洋舰"毫克号"与它平行疾驶着。这时却发生了一件意外事情;小船好像被大船吸过去似的,完全失控,一个劲儿地移向"奥林匹克号"的船舷上,把"奥林匹克号"撞了个大洞。这是因为两艘船中间水流快时,根据能量方程式可知水压就小,而小船另一侧压力不变,且大于靠近大船一侧的压力,造成小船受力不平衡而向大船移动。

通过这次事故,人们从中吸取了深刻的教训。为避免类似事故发生,人们对航行中的船速和船与船之间的间距都作了严格的规定。

（二）实际流体的能量方程式

实际液体在管道中流动时,由于液体的黏性,会产生内摩擦力;管道形状和尺寸的变化与管道装置的局部均会使液体产生扰动,因而造成能量损失。现设 h_w 为单位质量液体的能量损失。

另外,由于实际流速 u 在管道过流断面的流速分布是不均匀的,若用平均流速 v 来代替实际流速 u 计算 $\frac{u^2}{2g}$ 时,必然会产生偏差。为了补偿这个偏差,必须引入动能修正系数 α。因此,实际流体的能量方程式为

$$Z_1 + \frac{p_1}{\gamma} + \frac{\alpha_1 v_1^2}{2g} = Z_2 + \frac{p_2}{\gamma} + \frac{\alpha_2 v_2^2}{2g} + h_w \qquad (3\text{-}11)$$

式（3-11）即为恒定流实际流体的能量方程式。又称为伯努利（Bernoulli）方程式。这一方程式,不仅在整个工程流体力学中具有理论指导意义,而且在工程实际中得到广泛的应用,因此十分重要。

动能修正系数 α 值的大小,取决于过流断面上的流速分布情况,流速分布愈不均匀,α 值愈大。工程上为了计算方便,常近似地取 $\alpha = 1$。

对于气体,若按不可压缩流体考虑,实际液体的能量方程式也完全适用。由于气体的重度较小,其重力作功可以忽略不计。而且气体在过流断面上的流速分布一般比较均匀,动能修正系数可以采用 $\alpha = 1$,由此可得

$$\frac{p_1}{\gamma} + \frac{v_1^2}{2g} = \frac{p_2}{\gamma} + \frac{v_2^2}{2g} + h_w$$

或写为 $$p_1 + \frac{v_1^2}{2g}\gamma = p_2 + \frac{v_2^2}{2g}\gamma + p_w \qquad (3\text{-}12)$$

式中 $$p_w = \gamma h_w$$

在通风与空调工程中,把 p 称为静压,$\frac{v^2}{2g}\gamma$ 称为动压,$\left(p + \frac{v^2}{2g}\gamma\right)$ 称为全压,$p_w = \gamma h_w$ 称为压头损失。它们的单位为 Pa 或 mmH_2O。

二、伯努利方程式的意义

1. 物理学意义

从静压力基本方程式的物理学意义已知:

Z 表示单位重量流体相对于某一基准面具有的位置势能,简称位能。

$\frac{p}{\gamma}$ 表示单位重量流体所具有的压力势能,简称压能。

$\left(Z + \dfrac{p}{\gamma}\right)$ 表示单位重量流体位能与压能之和，简称单位势能。

在伯努利方程式中，$\dfrac{\alpha v^2}{2g}$ 表示单位重量流体所具有的动能，简称单位动能。

$\left(Z + \dfrac{p}{\gamma} + \dfrac{\alpha v^2}{2g}\right)$ 表示单位重量流体的势能与动能之和，简称单位总机械能。

h_w 表示单位重量流体从一断面流至另一断面，因克服各种阻力所引起的能量损失，简称单位能量损失。

因此，伯努利方程式的物理意义是：单位重量流体从一个断面流至另一个断面时，具有压力能、势能和动能三种形式的能量，在任一截面上可以互相转换，但前一个断面上的总机械能应等于后一个断面上的总机械能与两断面间的能量损失之和。

2. 水力学意义

从静压力基本方程式的水力学意义已知：

Z 称为位置水头；

$\dfrac{p}{\gamma}$ 称为压力水头；

$\left(Z + \dfrac{p}{\gamma}\right)$ 是位置水头与压力水头之和，称测压管水头。

在伯努利方程式中，$\dfrac{\alpha v^2}{2g}$ 称为过流断面上流体的流速水头。如图 3-10 所示流速水头分析，$\dfrac{\alpha v^2}{2g}$ 的表现为测速管与测压管之间的液面高度差，即

$$\frac{\alpha v^2}{2g} = \frac{p'}{\gamma} - \frac{p}{\gamma} \tag{3-13}$$

$\left(Z + \dfrac{p}{\gamma} + \dfrac{\alpha v^2}{2g}\right)$ 是测压管水头与流速水头之和，称为总水头。

h_w 是两断面之间总水头的差值，称为水头损失。

因此，伯努利方程式的水力意义是：单位重量流体从一个断面流至另一断面时，断面上的位置水头、压力水头、流速水头可以相互转换，但前一个断面上的总水头应等于后一个断面上的总水头与两断面间的水头损失之和。

3. 几何意义

从静压力基本方程式的水力学意义已知：

Z 称为位置高度；

$\dfrac{p}{\gamma}$ 称为测压管高度；

$\left(Z + \dfrac{P}{\gamma}\right)$ 表示测压管液面到基准面的垂直高度。

在伯努利方程式中，$\dfrac{\alpha v^2}{2g}$ 表示流体质点以 u_0 为初速，垂直向上射流所能达到的理论高度的平均值。如图 3-11 所示，$\dfrac{\alpha v^2}{2g}$ 的表现为水流喷射的高度，即

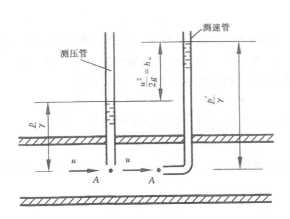

图 3-10　流速水头分析

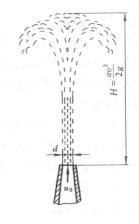

图 3-11　消防水枪垂直向上喷射

$$\frac{\alpha v^2}{2g} = H \tag{3-14}$$

$\left(Z + \dfrac{p}{\gamma} + \dfrac{\alpha v^2}{2g} \right)$ 是三种高度之和,即测速管液面到基准面的垂直高度。

h_w 表示两断面上测速管的液柱差。

因此,伯努利方程式的几何意义是:单位重量流体从一个断面流至另一个断面时,断面上的位置高度、测压管高度、垂直向上射流所达理论高度可以相互转换,但前一个断面的三种高度之和应等于后一个断面的三种高度与两断面上的测速管液柱差之和。

（四）能量方程的几何图示

在建筑设备工程中,为了分析流体压力在管道及设备中的变化情况而绘制的水压图,就是以能量方程式几何图示中的测压管水头线为基础的。

如图 3-12 所示,能量方程式的几何图示能量方程式中的各项能量及其沿流程的变化,一般可以用下面五条线段表示:

1. 理想总水头线

理想总水头线是指理想流体各断面总水头的连线。它反映理想流体在各断面上流体总机械能的守恒。由于理想流体不计能量损失,各断面总水头相等,所以该线为一水平线。

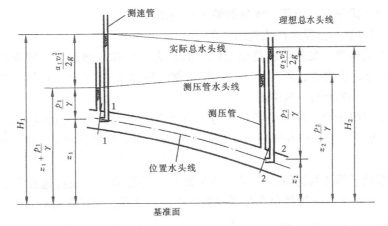

图 3-12　能量方程式的几何图示

2. 实际总水头线

实际总水头线是指实际流体各断面总水头的连线，反映实际流体总机械能的沿程变化。由于实际流体运动时要克服流动阻力，致使流体总机械能不断衰减，所以该线沿程下降。实际总水头线与理想总水头线的垂直距离反映流体各断面间的能量损失。

3. 测压管水头线

测压管水头线是指流体各断面上测压管水头的连线。反映流体势能的沿程变化。

4. 管道轴线（位置水头线）

管道轴线是指管道中流体各断面中心的连线。它与测压管水头线的垂直距离反映流体各断面的压力水头。

5. 基准线或基准面

基准线或基准面是可任意选取的一水平线或水平面，以此作为分析各断面上各项能量的统一基准。基准线与管道轴线的垂直距离反映流体各断面中心的位置水头。

实际流体总流能量方程式的几何图示，不仅表示出了沿流各断面各种高度之间的关系，同时也表示了各种能量(或各种水头)沿流的转换关系及能量损失(或水头损失)大小。

四、伯努利方程式的适用条件和应用中需注意的问题

（一）能量方程式的适用条件

1. 流体流动是恒定流；

2. 流体是不可压缩的；

3. 建立方程式的两断面必须是渐变流断面（但两断面之间可以是急变流）；

4. 建立方程式的两断面间无能量的输入与输出；

若两断面间有水泵、风机等流体机械输入机械能或有水轮机输出机械能时，能量方程式应改写为

$$Z_1 + \frac{p_1}{\gamma} + \frac{\alpha_1 v_1^2}{2g} \pm H = Z_2 + \frac{p_2}{\gamma} + \frac{\alpha_2 v_2^2}{2g} + h_w \tag{3-15}$$

或

$$\gamma Z_1 + p_1 + \frac{v_1^2}{2g}\gamma + \gamma H = \gamma Z_2 + p_2 + \frac{v_2^2}{2g}\gamma + p_w \tag{3-16}$$

式中　$+H$——单位重量流体获得的能量；

　　　$-H$——单位重量流体失去的能量。

5. 建立方程式的两断面间无流量的输入与输出。

（二）应用伯努利方程式需注意的问题

1. 基准面的选取，虽然可以是任意的，但是为了计算方便起见，基准面一般应选在下游断面的中心、管流轴心或其下方，这样可使位置水头 Z 不出现负值。但是对于不同的计算断面，必须选取同一基准面。

2. 压力基准的选取，可以是相对压力，也可以是绝对压力，但方程式两边必须选取同一基准。工程上一般选取相对压力。当问题涉及流体本身的性质时，则必须采用绝对压力。

3. 计算断面（即所列能量方程式的两个断面）的选取，一般应选在压力或压差已知的断面上，并使所求的未知量包含在所列方程之内。这样，可简化运算过程。

4. 在计算过流断面的测压管水头 $\left(Z + \frac{p}{\gamma}\right)$ 时，可以选取过流断面上的任意一点来计

算。

5. 方程式中的能量损失（h_w 或 p_w）一项，应加在流动的末端断面即下游断面上。

五、能量方程式的应用实例

恒定流能量方程式是解决工程上流体问题的最基本方程之一，解决问题时常和连续性方程结合起来运用。下面举几个实例来说明能量方程式在工程技术中的应用。

（一）文丘里（Venturi）流量计

文丘里流量计是测量管路流量的一种
装置，它由一段渐缩管、一段喉管和一段
渐扩管三部分组成，如图 3-13 所示。将它
装在需要测定流量的管道上，当被测流体
通过流量计时，由于喉管断面缩小，流速
增大，压力相应减低，反映在接入 1-1
（渐缩管前）和 2-2（喉管处）断面的测压

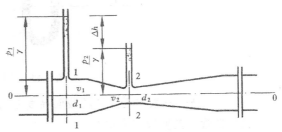

图 3-13 文丘里流量计原理

管或比压计上，呈现出一个液柱差 Δh，根据两根管的液柱差值及流量计算式，就可以计算出管道内流体的流量。

文丘里流量计的流量计算式为

$$Q = \mu K \sqrt{\left(Z_1 + \frac{p_1}{\gamma} \right) - \left(Z_2 + \frac{p_2}{\gamma} \right)} \tag{3-17}$$

式中　　　　　　　Q——通过流量计的实际流量（m^3/s）；

K——流量计系数（$m^{\frac{5}{2}}/s$），对于一定管径的文丘里流量计，K 值
　　　是一个不变的常数；

$$K = \frac{1}{4} \pi d_1^2 \sqrt{\frac{2g}{\left(\dfrac{d_1}{d_2} \right)^4 - 1}} \tag{3-18}$$

μ——流量系数，$\mu = 0.95 \sim 0.98$；

$\left(Z_1 + \dfrac{p_1}{\gamma} \right) - \left(Z_2 + \dfrac{p_2}{\gamma} \right)$——断面 1-1 与 2-2 的测压管水头差（m）。

当文丘里流量计水平放置（$Z_1 = Z_2$）时，对于不同的流体，根据流量计上所接测压管形式的不同，两断面测压管水头差一般可表示为以下几种情况：

1. 若流量计上接两根测压管（图 3-13），管中被测流体为液体时

$$\left(Z_1 + \frac{p_1}{\gamma} \right) - \left(Z_2 + \frac{p_2}{\gamma} \right) = \frac{p_1}{\gamma} - \frac{p_2}{\gamma} = h_1 - h_2 = \Delta h \tag{3-19}$$

式中　Δh——两测压管液面的高度差（m）。

2. 流量计上接汞比压计时（图 3-14）

（1）若管中被测流体为液体

$$\left(Z_1 + \frac{p_1}{\gamma} \right) - \left(Z_2 + \frac{p_2}{\gamma} \right) = \frac{p_1}{\gamma} - \frac{p_2}{\gamma} = \left(\frac{\gamma_{Hg}}{\gamma} - 1 \right) \Delta h \tag{3-20}$$

式中　γ_{Hg}——比压计中液体（汞）的重力密度（N/m^3）；

γ——被测液体的重力密度（N/m^3）；

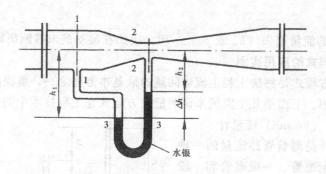

图 3-14 液柱差换算

Δh——汞比压计中的液面高度差（m）。

（2）当管内被测液体为水时

$$\left(Z_1 + \frac{p_1}{\gamma}\right) - \left(Z_2 + \frac{p_2}{\gamma}\right) = \left(\frac{\gamma_{H_g}}{\gamma_{H_2O}} - 1\right)\Delta h = 12.6\Delta h \qquad (3-21)$$

3. 若流量计上接液体比压计，管中被测流体为气体时，因气体重力密度较小，可忽略其气柱压差，也不考虑流量计是否水平放置。

$$\left(Z_1 + \frac{p_1}{\gamma}\right) - \left(Z_2 + \frac{p_2}{\gamma}\right) = \frac{p_1}{\gamma} - \frac{p_2}{\gamma} = \frac{\gamma'}{\gamma}\Delta h \qquad (3-22)$$

式中　　γ'——比压计中液体重力密度（N/m³）；

　　　　γ——被测气体的重力密度（N/m³）；

　　　　Δh——比压计中的液面高度差（m）。

【例题 3-4】　利用文丘里流量计（图 3-13）测定某水平管道中液体的流量，已知水管直径 $d_1 = 100$mm，喉管直径 $d_2 = 50$mm，流量系数 $\mu = 0.98$，试求当两测压管液面高度差 $\Delta h = 0.5$m 时，管内液体的流量。

【解】　根据公式（3-18），流量计系数

$$K = \frac{1}{4}\pi d_1^2 \sqrt{\frac{2g}{\left(\dfrac{d_1}{d_2}\right)^4 - 1}}$$

$$= 0.785 \times (0.1)^2 \sqrt{\frac{2 \times 9.81}{\left(\dfrac{0.1}{0.05}\right)^4 - 1}} = 0.00898 \mathrm{m}^{\frac{5}{2}}/\mathrm{s} = 8.98 \times 10^{-3} \mathrm{m}^{\frac{5}{2}}/\mathrm{s}$$

由于 $\mu = 0.98$，且 $\left(Z_1 + \dfrac{p_1}{\gamma}\right) - \left(Z_2 + \dfrac{p_2}{\gamma}\right) = \Delta h = 0.5\,\mathrm{m}$

所以管内液体的流量

$$Q = \mu K \sqrt{\left(Z_1 + \frac{p_1}{\gamma}\right) - \left(Z_2 + \frac{p_2}{\gamma}\right)}$$

$$= \mu K \sqrt{\Delta h} = 0.98 \times 8.98 \times 10^{-3} \sqrt{0.5} = 6.22 \times 10^{-3} \mathrm{m}^3/\mathrm{s} = 6.22 \mathrm{L/s}$$

（二）毕托管

毕托管是一种测量水流或气流中任意一点流速的仪器。其外形图如图 3-15（a）所示，结构简图如图 3-15（b）所示，实际上是将测速管与测压管组装为一体。测量流速

时，把毕托管下部的小孔正对来流方向，放入流体中的欲测点处，而毕托管上部的接头则分别接测压管或比压计。如图 3-15（c）所示。

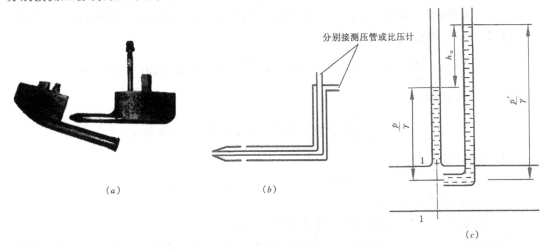

图 3-15　毕托管
（a）毕托管外形图；（b）结构简图；（c）流速计原理

流体中任意一点的实际流速

$$u = \varphi\sqrt{\frac{\Delta p}{\gamma}2g} \tag{3-23}$$

式中　u——流体中任意一点的实际流速（m/s）；

φ——流速系数，一般采用 $\varphi = 1.0 \sim 1.04$；

$\dfrac{\Delta p}{\gamma}$——由比压计或微压计以压差形式显示的任意一点的流体动能（m）。

若被测流体为水，毕托管上接汞比压计时

$$\frac{\Delta p}{\gamma} = \left(\frac{\gamma_{Hg}}{r_{H_2O}} - 1\right)\Delta h = 12.6\Delta h \tag{3-24}$$

若被测流体为空气，毕托管上接水比压计时

$$\frac{\Delta p}{\gamma} = \frac{\gamma_{H_2O}}{\gamma_{KO}}\Delta h \tag{3-25}$$

若被测流体为空气，毕托管上接酒精比压计时

$$\frac{\Delta p}{\gamma} = \frac{\gamma_{jO}}{\gamma_{KO}}\Delta h \tag{3-26}$$

以上三式中，γ_{Hg}、γ_{H_2O}、γ_{jO} 及 γ_{KO} 分别为汞、水、酒精和空气的重力密度，单位为（N/m³）；Δh 为比压计或微压计中的液柱高度差，单位为米（m）。

在通风与空调工程中，用毕托管测定风管中任意一点的流速时，常采用微压计来显示空气的流速水头即单位动能。用毕托管测风速如图 3-16 所示。微压计内装有轻质液体（如酒精），根据微压计上的读数 l，计算出 Δh 和 $\dfrac{\Delta p}{\gamma}$，代入公式（3-23），便可求出管中任意一点的风速。

【例题 3-5】 如图 3-16 所示，已知管道空气的密度 $\rho = 1.29\,\text{kg/m}^3$，微压计中的酒精密度 $\rho' = 800\,\text{kg/m}^3$，微压计倾斜管的倾角 $\alpha = 30^\circ$，读数 $l = 50\,\text{mm}$，流速系数 $\varphi = 1.0$，试求：(1) 管内断面中心处的风速 u；(2) 断面平均流速 $v = 0.84u$ 时，该断面的平均流速。

【解】 (1) 根据式 (3-26) 可得

$$\frac{\Delta p}{\gamma} = \frac{\gamma_{j0}}{\gamma_{K0}} \cdot l\sin\alpha = \frac{\rho_{j0}}{\rho_{K0}} \cdot l\sin\alpha = \frac{800}{1.29} \times 0.05 \times \sin 30^\circ = 15.5\,\text{m}$$

所以，管内断面中心处的风速

$$u = \varphi\sqrt{\frac{\Delta p}{\gamma}2g} = \sqrt{15.5 \times 2 \times 9.81} = 17.4\,\text{m/s}$$

(2) 断面的平均流速

$$v = 0.84u = 0.84 \times 17.4 = 14.62\,\text{m/s}$$

（三）确定液体压送高度

应用能量方程式还可以确定液体被压送的高度。

【例题 3-6】 如图 3-17 所示，已知在制冷装置的高压贮液器中，液面压力为 0.8MPa（绝对），现采用直接供液方式，欲将液态制冷剂节流降压后供至压力为 0.25 MPa（绝对）的低压系统，若限定液态制冷剂的最大流速为 1m/s，供液管的能量损失为 2m 氨液柱，氨液的重力密度 $\gamma = 6360\,\text{N/m}^3$，试确定其最大压送高度。

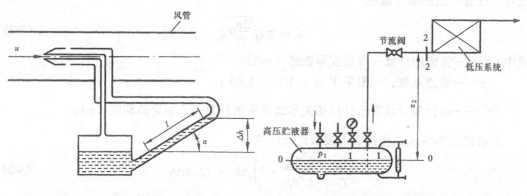

图 3-16　用毕托管测风速　　　　　　　图 3-17　例 3-6 题图

【解】 以高压贮液器液面 1-1 为基准面 0-0，以低压系统氨蒸发排管进液口为 2-2 断面，列出断面 1-1 和 2-2 间能量方程：

$$z_1 + \frac{p_1}{\gamma} + \frac{\alpha_1 v_1^2}{2g} = z_2 + \frac{p_2}{\gamma} + \frac{\alpha_2 v_2^2}{2g} + h_w$$

由于 1-1 断面与基准面 0-0 重合，$z_1 = 0$；高压贮液器液面较大，$v_1 = 0$；取 $\alpha_1 = \alpha_2 = 1.0$，所以液态制冷剂被压送的高度为

$$z_2 = \frac{p_1 - p_2}{\gamma} - \frac{v_2^2}{2g} - h_w = \frac{(0.8 - 0.25) \times 10^6}{6360} - \frac{1}{2 \times 9.8} - 2 = 84.43\,（\text{m 氨液柱}）$$

（四）确定流体输送机械所提供的机械能及功率

在流体输送过程中，常需要使用一些流体输送机械（如泵和风机），对流体系统提供必要的机械能，以推动流体流动，满足生产工艺要求。运用能量方程式可很方便地确定流体输送机械所提供的机械能及功率。

【例题 3-7】　在某制冷系统中，有一水泵将冷却水送到楼顶的冷凝器，经喷水头喷出作冷却介质使用，如图 3-18 所示。已知泵的吸水管径为 $\phi108 \times 4.5$mm，管内冷却水的流速为 1.5m/s，泵的排水管径为 $\phi76 \times 2.5$mm。冷却水池的水深为 1.5m，喷水头至冷却水池底面的垂直高度为 20m，输送系统中管路的能量损失 $h_w = 3$m 水柱，冷却水在喷头前的表压力为 29400N/m²，水的重度为 9810N/m³，泵的总效率 0.6，试求泵所提供的机械能及功率。

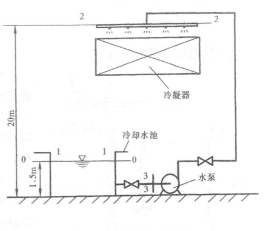

图 3-18　[例题 3-7] 图

【解】　（1）先求泵所提供的机械能

以水池水面为 1-1 断面，喷头上方管口处为 2-2 断面，通过 1-1 断面选取基准面 0-0，列写能量方程式

$$z_1 + \frac{p_1}{\gamma} + \frac{\alpha_1 v_1^2}{2g} + H = z_2 + \frac{p_2}{\gamma} + \frac{\alpha_2 v_2^2}{2g} + h_w$$

整理后得

$$H = (z_2 - z_1) + \left(\frac{p_2 - p_1}{\gamma}\right) + \left(\frac{\alpha_2 v_2^2 - \alpha_1 v_1^2}{2g}\right) + h_w$$

式中　$z_1 = 0$，$z_2 = 20 - 1.5 = 18.5$m，所以 $z_2 - z_1 = 18.5$m。

1-1 断面与大气接触，按相对压力计算，$p_1 = 0$，所以

$$\frac{p_2 - p_1}{\gamma} = \frac{29400}{9810} = 3 \text{ m}$$

因水池水面较大，$v_1 \approx 0$。在泵吸水管段上取断面 3-3，其 $v_3 = 1.5$m/s。根据连续性方程可得泵排水管内的流速

$$v_2 = v_3 \left(\frac{d_3}{d_2}\right)^2 = 1.5 \times \left(\frac{108 - 4.5 \times 2}{76 - 2.5 \times 2}\right)^2 = 1.5 \times \left(\frac{99}{71}\right)^2 = 2.92 \text{ m/s}$$

取动能修正系数 $\alpha_1 = \alpha_2 = 1.0$，则

$$\frac{\alpha_2 v_2^2 - \alpha_1 v_1^2}{2g} = \frac{v_2^2}{2g} = \frac{(2.92)^2}{2 \times 9.8} = 0.43 \text{ m}$$

管路能量损失 $h_w = 3$m 水柱

于是，水泵所提供的机械能

$$H = 18.5 + 3 + 0.43 + 3 = 24.9 \text{ m}$$

（2）求泵所提供的功率

冷却水的流量

$$Q = v_3 A_3 = v_3 \frac{\pi d_3^2}{4} = 1.5 \times \frac{3.14 \times (99 \times 10^{-3})^2}{4} = 11.54 \times 10^{-3} \text{ m}^3/\text{s}$$

泵所提供的有效功率或输出功率为

$$N_T = \gamma Q H = 9810 \times 11.54 \times 10^{-3} \times 24.9 = 2.82 \text{ kW}$$

当泵的总效率 $\eta = 0.6$ 时，泵的轴功率或输入功率为

$$N_e = \frac{N_T}{\eta} = \frac{2.82}{0.6} = 4.7 \text{ kW}$$

（五）确定水泵安装高度

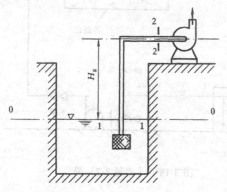

图 3-19　水泵的安装高度

水泵的安装高度，通常是指水泵轴心到吸水池最低水位的垂直高度。在实际工程中，为保证水泵正常运转，水泵的安装高度往往有一定的限制，否则水泵就不能正常工作，甚至产生气蚀和断水现象。

水泵的安装高度，在一定条件下，可以通过在水泵进水口和吸水池最低水面之间建立能量方程式来确定。

如图 3-19 所示，当水泵正常运转时管中水流为恒定流，以吸水池最低水位为基准面 0-0，列出吸水池最低水面 1-1 与水泵进口断面 2-2 的能量方程式

$$z_1 + \frac{p_1}{\gamma} + \frac{\alpha_1 v_1^2}{2g} = z_2 + \frac{p_2}{\gamma} + \frac{\alpha_2 v_2^2}{2g} + h_w$$

由于断面 1-1 与基准面 0-0 重合，即 $z_1 = 0$；

断面 1-1 处与大气接触，按绝对压力计算 $p_1 = p_a$；

因吸水池面积较大，流速 v_1 较小，故其流速水头可视为零，即 $\frac{\alpha_1 v_1^2}{2g} = 0$；

断面 2-2 的中心距基准面 0-0 的垂直高度 $z_2 = H_g$，正是要求确定的水泵安装高度；

取动能修正系数 $\alpha_2 = 1.0$，将上述条件代入能量方程式可得

$$0 + \frac{p_a}{\gamma} + 0 = H_g + \frac{p_2}{\gamma} + \frac{v_2^2}{2g} + h_w$$

即　$H_g = \left(\frac{p_a - p_2}{\gamma} \right) - \frac{v_2^2}{2g} - h_w$

上式中 $\left(\frac{p_a - p_2}{\gamma} \right)$ 为吸水管内 2-2 断面处的真空度，p_2 为断面 2-2 的绝对压力。

设 $H_v = \frac{p_a - p_2}{\gamma}$，则水泵的安装高度

$$H_g = H_v - \frac{v_2^2}{2g} - h_w \tag{3-33}$$

式中　H_g——水泵的安装高度（m）；

　　　H_v——吸水管内的真空度（m）；

　　　v_2——吸水管内水的流速（m/s）；

　　　h_w——水流经过吸水管的能量损失（m）。

公式（3-33）表明，水泵的安装高度与进口断面的真空度、吸水管流速和能量损失有关。当水泵进口处的真空度一定时，流速与能量损失愈大，水泵的安装高度则愈低。

【例题 3-8】　如图 3-19 所示，已知水泵的流量 $Q = 20\text{L/s}$，吸水管直径 $d_2 = 100\text{mm}$，水流通过吸水管的能量损失 $h_w = 3\text{m}$，若水泵产品样本给出该泵的最大允许吸上高度（即

真空度）$H_v = 7\text{m}$，试求水泵在此流量下的安装高度。

【解】 吸水管流速水头

$$\frac{v_2^2}{2g} = \frac{Q^2}{12.1 d^4} = \frac{(0.02)^2}{12.1 \times (0.1)^4} = 0.33 \text{ m}$$

所以，水泵的安装高度

$$H_g = \frac{p_v}{\gamma} - \frac{v_2^2}{2g} - h_w = 7 - 0.33 - 3 = 3.67 \text{ m}$$

即水泵在该流量下，最大安装高度不得超过 3.67m。

思　考

1. 恒定流能量方程中各项的物理意义、水力意义及几何意义是什么？
2. 理想流体的能量方程式和实际流体的能量方程式相比有什么不同？
3. 能量方程式的适用条件是什么？
4. 能量方程几何图示中的五条线段含义是什么？
5. 如何计算管道的流量？
6. 什么是恒定流连续性方程？

第四节　恒定流动量方程

恒定流动量方程是动量守恒定律在流体力学中的具体表现形式，它反映了流体流动时动量变化与其所受作用力之间的变化规律。

恒定流动量方程式是动量守恒定律在流体力学中的具体应用。我们研究动量方程式，就是在恒定流条件下，分析流体总流在流动空间内的动力平衡规律。

水平弯管如图 3-20 所示，有一段水平弯管道，当流体通过其中时，由于运动方向发生了改变，引起流体的动量变化，在弯管的侧壁上将会产生一个侧向压力 R'。实际工程中，这一作用力可能使管路发生位移，甚至使管道接头遭受损坏。因此，工程上往往在管径较大管道转弯处的受力一侧加设支墩，以防止其位移或管道接头损坏。在设计支墩时，需要计算出流体的侧压力，而恒定流动量方程式的建立，就在于解决运动着的流体与外部物体间的相互作用力问题。

一、动量方程式

从物理学中我们知道，物体的质量 m 与它的运动速度 v 的乘积称为物体的动量。作用于物体上的合力 ΣF 与作用时间 dt 的乘积称为物体的冲量。动量定律指出：作用于物体的冲量等于物体的动量增量，即

$$\vec{\Sigma F} dt = d(m \cdot \vec{v}) \tag{3-34}$$

式中的 $\vec{F}$ 和 $\vec{v}$ 都是矢量。

动量方程式如图 3-21 所示，取断面 1—1 和 2—2，根据式（3-34）来推导的恒定流动量方程为

$$\vec{\Sigma F} = \rho Q (\alpha_{02} \vec{v_2} - \alpha_{01} \vec{v_1}) \tag{3-35}$$

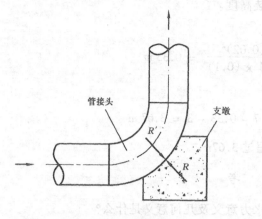

图 3-20 水平弯管

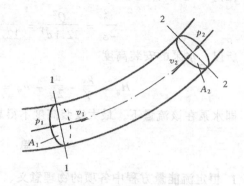

图 3-21 动量方程式示意图

公式（3-35）即为恒定流的动量方程式。该方程表明：作用于流体段上的外力总和等于单位时间内流出与流入体段的动量增量。

为了计算方便，将方程写成在 x、y、z 轴上的投影式，则得

$$\Sigma F_x = \rho Q(\alpha_{02} v_{2x} - \alpha_{01} v_{1x})$$
$$\Sigma F_y = \rho Q(\alpha_{02} v_{2y} - \alpha_{01} v_{1y}) \tag{3-36}$$
$$\Sigma F_z = \rho Q(\alpha_{02} v_{2z} - \alpha_{01} v_{1z})$$

式中　v_{1x}、v_{1y}、v_{1z}——1—1 断面上的平均流速在相应坐标轴上的投影；

v_{2x}、v_{2y}、v_{2z}——2—2 断面上的平均流速在相应坐标轴上的投影；

ΣF_x、ΣF_y、ΣF_z——流体段上的合力在相应坐标轴上投影的代数和。一般情况下 $\alpha_0 = 1.0 \sim 1.05$，工程上为了计算方便常取 $\alpha_{01} = \alpha_{02} = 1$。

公式（3-36）表明，作用于流体段上的合力在某一坐标轴上的投影等于流体段沿该轴的动量变化。

二、动量方程式的应用

恒定流动量方程式在解决运动着的流体与固体之间相互作用力方面，得到了广泛应用。

应用动量方程式时应注意以下几点：

1. 先选取控制体，并使其两端的过流断面选在渐变流断面上。

2. 分析作用于控制体上的全部外力 ΣF，不能有遗漏。在忽略黏滞力作用的情况下，ΣF 一般只包括端面的压力、重力、侧面压力。

端面压力是指作用在控制体两端过流断面上的作用力，它的大小等于断面压力与断面面积的乘积，即 $P = pA$，其方向垂直指向过流断面，一般通过断面中心。

重力是指控制体流体本身的重量，它的大小等于控制体内流体重度与体积乘积，即 $G = \gamma V$，其方向垂直向下，一般通过控制体的重心。

侧面压力是指在流段和固体相接触面上，固体壁面对流段作用力的合力，它与流体对固体壁面的作用力大小相等，方向相反。如图 3-20 所示，水平弯管对流体的侧面压力为 R，流体对弯管的作用力为 R'，根据作用力与反作用力定律可知，R 则与 R'，大小相等，方向相反，在计算中一般为待求未知力。

52

3．控制体内流体段的动量增量必须是流出控制体的流体动量减去流入控制体的流体动量，不能颠倒。

4．由于作用力和速度是矢量，动量也是矢量，因此在列写动量方程投影式时，应注意各投影分量正负号的确定。这里规定：各投影分量与坐标轴向一致为正，相反为负。

【例题 3-9】 如图 3-22 所示为一条水平敷设的输水管路。已知管径 $d_1 = d_2 = 10\text{cm}$，断面平均流速 $v_1 = v_2 = 5\text{m/s}$，断面压力 $p_1 = p_2 = 9810\text{ Pa}$，管路弯角为 $\alpha = 45°$。不计能量损失，试求水流对弯管的作用力。（水的密度 $\rho = 1000\text{kg/m}^3$）

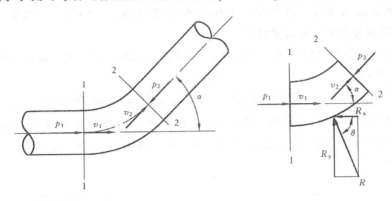

图 3-22 ［例 3-9］图

【解】 取断面 1—1 和 2—2 及管壁所围成的空间为控制体，并建立 xoy 平面坐标。因为弯管水平放置，可不考虑重力的作用。

列写动量方程投影式

x 轴方向 $\quad p_1 A_1 - p_2 A_2 \cos\alpha - R_x = \rho Q\ (v_2 \cos\alpha - v_1)$

y 轴方向 $\quad 0 - p_2 A_2 \sin\alpha + R_y = \rho Q (v_2 \sin\alpha - v_1)$

由于 $p_1 = p_2 = p；v_1 = v_2 = v；d_1 = d_2 = d$，即 $A_1 = A_2 = A$，所以上两式可整理为

$$R_x = (pA + \rho Qv)(1 - \cos\alpha)$$

$$= \left(9810 \times \frac{3.14 \times 0.1^2}{4} + 1000 \times 5 \times \frac{3.14 \times 0.1^2}{4} \times 5\right)(1 - 0.707)$$

$$= (77 + 196.25) \times 0.293$$

$$= 80.1\text{ N}$$

$$R_y = (pA + \rho Qv)\sin\alpha$$

$$= (77 + 196.25) \times 0.707$$

$$= 193.2\text{ N}$$

$$R = \sqrt{R_x^2 + R_y^2} = \sqrt{(80.1)^2 + (193.2)^2} = 209.1\text{ N}$$

$$\theta = \text{arctg}\left|\frac{R_y}{R_x}\right| = \text{arctg}\left|\frac{193.2}{80.1}\right| = 67.5°$$

或

$$R = \sqrt{[(pA + \rho Qv)(1 - \cos\alpha)]^2 + [(pA + \rho Qv)\sin\alpha]^2} = (pA + \rho Qv)\sqrt{2(1 - \cos\alpha)}$$

$$= \left(9810 \times \frac{3.14 \times 0.1^2}{4} + 1000 \times 5 \times \frac{3.14 \times 0.1^2}{4} \times 5\right)\sqrt{2(1 - \cos45°)}$$

$$= (77 + 196.25) \times 0.765$$
$$= 209.1 \text{ N}$$

$$\theta = \text{arctg} \left| \frac{(pA + \rho Qv)\sin\alpha}{[(pA + \rho Qv)(1 - \cos\alpha)]} \right| = \text{acrtg} \left| \frac{\sin\alpha}{(1 - \cos\alpha)} \right| = 67.5°$$

水流对弯管的作用力 R' 与 R 大小相等，方向相反。

<h1 style="text-align:center">习　题</h1>

1. 有一圆形通风管道，直径 $d = 0.4\text{m}$，若管内风速 $v = 5\text{m/s}$，空气重力密度 $\gamma = 12.68\text{N/m}^3$，试求管内空气的重量流量。

2. 已知蒸汽在管道中的流速 $v = 25\text{m/s}$，密度 $\rho = 2.62\text{kg/m}^3$，若重量流量为 20kN/h，试求蒸汽管道的直径。

3. 如图 3-23 所示，有一水平管道，直径 $d_1 = 20\text{cm}$，$d_2 = 40\text{cm}$，断面 1-1 中心处的压力 $p_1 = 157\text{kPa}$，不考虑能量损失，试求断面 2-2 中心处的压力 p_2。假设流量 $Q = 0.12\text{m}^3/\text{s}$。

4. 如图 3-24 所示，有一虹吸管，管径 $d = 15\text{cm}$，高度 $h_1 = 2\text{m}$，$h_2 = 4\text{m}$，若不考虑能量损失，试求：

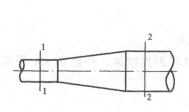

图 3-23　习题 3 图

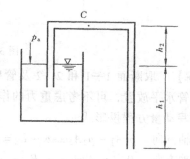

图 3-24　习题 4 图

（1）虹吸管出口处的流速和流量；

（2）最高处 C 点的压力。

5. 如图 3-25 所示，当管道阀门关闭时，压力表读数为 0.2MPa，当阀门全部打开，水通过管道流出时，若能量损失为 0.5m，试求管内水的平均流速。

6. 如图 3-26 所示，已知 $H = 2\text{m}$，$h = 1.5\text{m}$，$d = 15\text{cm}$，试求水管沿程的流速和压力水头，并绘制总水头线的测压管水头线（不考虑能量损失）。

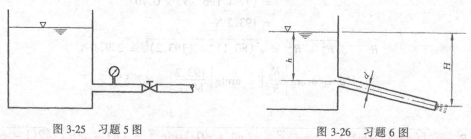

图 3-25　习题 5 图

图 3-26　习题 6 图

7. 如图 3-27 所示，有一等径弯管自水箱接出，不考虑能量损失，试绘制总水头线及测压管水头线，并问何处的压力最小？何处的压力最大？进口处 A 点的相对压力是否为 γH？

8. 如图 3-28 所示，有一段水平管道，直径 $d_1 = 5\text{cm}$，$d_2 = 2.5\text{cm}$。已知管内流量 $Q = 2.7\text{L/s}$，测压管读数 $h = 0.8\text{m}$，试求收缩断面处的真空度。不考虑能量损失。

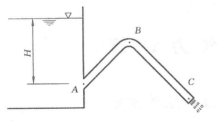

图 3-27　习题 7 图

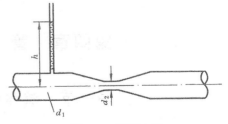

图 3-28　习题 8 图

9. 如图 3-29 所示，有一立管从水箱接出，箱中水深 $h = 1\text{m}$，由于收缩影响，立管入口断面 $A\text{-}A$ 处的平均流速为出口断面处平均流速的 1.5 倍，设水在绝对压力 $p = 14.7\text{kPa}$ 下发生汽化，试求立管的长度 l 最大为多少时，才不使断面 $A\text{-}A$ 处发生汽化，能量损失可不考虑。

10. 如图 3-30 所示，测量通风管道中空气的流速，若水比压计读数 $\Delta h = 10\text{mm}$，空气重力密度 $\gamma = 12.65\text{N/m}^3$，流速系数 $\varphi = 1.0$，试求管内的风速。

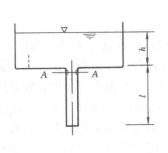

图 3-29　习题 9 图

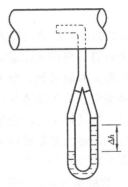

图 3-30　习题 10 图

第四章 管路水力计算

第一节 流体的阻力和能量损失

在日常生活中，为什么水塔建得比房屋高很多呢？城市煤气管道系统为什么在管网中间设加压站呢？

这表明水和煤气的输送的过程中有能量损失。早在 19 世纪，人们通过对流体的研究发现流体具有黏滞性，在流动过程中会产生流动阻力，克服流动阻力就要耗一部分机械能。流动阻力是造成能量损失的原因，因此能量损失的变化规律必然是流动阻力变化规律的反映。产生阻力的内因是流动的黏滞性和惯性；外因是固体壁面对流体的阻滞作用和扰动作用。

一、流体阻力和能量损失的分类

为了便于计算，根据流体运动时与流体接触的边壁条件和流体本身阻滞作用的影响，可以将流体的阻力和能量损失分为两类：沿程阻力和局部阻力；沿程损失和局部损失。

在流体运动时，由于流体与固体壁面以及流体之间存在摩擦力。所以，在边壁沿程不变的管段上（管内流体运动的能量损失如图 4-1 中的 ab、bc、cd 段），沿着流动路程，流体运动总是受到摩擦力的阻碍作用。这种沿流程的摩擦阻力称为沿程阻力，克服沿程阻力引起的能量损失称为沿程损失。沿程损失用 h_f 表示。图中的 h_{fab}、h_{fbc}、h_{fcd} 是相应 ab、bc、cd 各管段的沿程损失。沿程损失沿管段均匀分布，作用在整个管段的流程上。它与管段的长度成正比，所以也称长度损失。

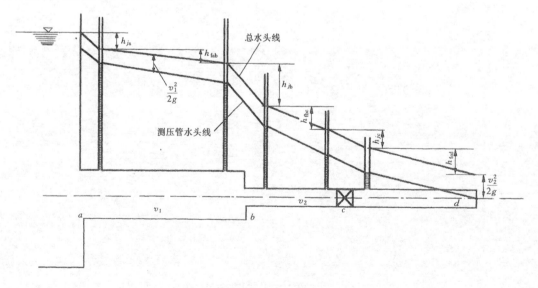

图 4-1 管内流体运动的能量损失

流体流动遇到边界急剧变化的区域，如管道中的阀门、管道突然扩大和缩小等，阻力主要集中在该区内及其附近，这种集中分布的阻力称为局部阻力。克服局部阻力引起的能量损失称为局部损失。局部损失用 h_j 表示。如图 4-1 中管道进口、变径管和阀门等处均产生局部阻力，h_{ja}、h_{jb}、h_{jc} 就是相应的局部损失。

二、能量损失的计算公式

在流体工程中，能量损失用水头损失表示，以 mH_2O 为单位。

沿程水头损失公式如下

$$h_f = \lambda \frac{L}{d} \cdot \frac{v^2}{2g} \tag{4-1}$$

局部水头损失按下式计算

$$h_j = \xi \frac{v^2}{2g} \tag{4-2}$$

用压强损失表示，以 Pa 为单位时

$$p_f = \lambda \frac{L}{d} \cdot \frac{\rho v^2}{2} \tag{4-3}$$

$$p_j = \xi \frac{\rho v^2}{2} \tag{4-4}$$

式中　　L——管长（m）；

d——管径（m）；

v——断面平均流速（m/s）；

g——重力加速度（m/s^2）；

λ——沿程阻力系数；

ξ——局部阻力系数；

ρ——流体的密度（kg/m^3）。

由于在流体流动中，影响流体能量损失的因素很多，目前还不可能用纯理论的方法来解决能量损失计算的全部问题。经前人的观察资料和长期工程实践的经验总结、归纳出来的通用公式，通常称为达西公式。它把求能量损失的问题转化为求阻力系数的问题。

整个管路的总能量损失等于各管段的沿程损失和所有局部损失之和。即

$$h_w = \Sigma h_f + \Sigma h_j \tag{4-5}$$

第二节　流体流动的两种流态

在 19 世纪初，就已经发现：在流速很小的情况下，水头损失和流速的一次方成正比；水头损失和流速有一定关系。在流速较大的情况下，水头损失和流速的二次方或接近二次方成正比。为什么会是这样？

直到 1883 年，由英国物理学家雷诺的试验研究，才使人们认识到：流体运动有两种结构不同的流体状态，在不同流态时能量损失规律不同。

一、两种流态

实验　雷诺试验装置如图 4-2 所示。由水箱 A 引出玻璃管 B，阀门 C 用于调节流量，

容器 D 内有重度与水相近的颜色水，经细管 E 流入玻璃管 B，阀门 F 用于控制颜色水量。随着阀门 C 开启大小的变化，我们来观察一下玻璃管内颜色水流情况。

试验时水箱 A 内装满水，水位保持不变，水流为恒定流。液面稳定后先打开阀门 C，使管 B 内水流速度很小。再打开阀门 F，放出少量颜色水。这时可见管内颜色水成一股界限分明的细直流束，这表明各液层间毫不掺混。这种分层有规律的流动状态称为层流。如图 4-2（a）所示。当阀门 C 逐渐开大流速增加到某一临界流速 v'_k 时，颜色水出现摆动，如图 4-2（b）所示。继续开大阀门，增大流速，颜色水迅速与周围清水掺混，使管内全部水流都带有颜色，如图 4-2（c）所示。这表明液体质点的运动轨迹是极不规则的，各个部分流体互相剧烈掺混，这种流动状态称为紊流。

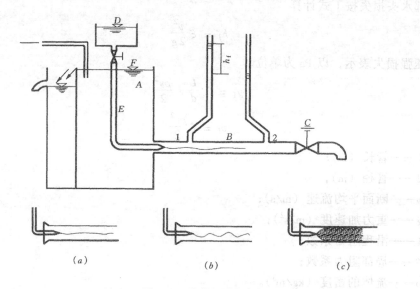

图 4-2　雷诺实验装置

若试验按相反的程序进行时，流速由大变小，则上述观察到的流动现象以相反程序重演，但由紊流变成层流的临界流速 v_k 小于由层流转变为紊流的临界流速 v'_k，称 v'_k 为上临界流速，v_k 称为下临界流速。

试验进一步表明：上临界流速 v'_k 是不固定的，随着流动的起始条件和试验条件的扰动程度不同，v'_k 值有很大的差异，扰动愈强，v'_k 愈小。但是下临界流速 v_k 却是不变的流速，小于 v_k 后，流动就进入层流状态。在实际工程中，扰动普遍存在，上临界流速 v'_k 没有实际意义。以后所指的临界流速均指下临界流速 v_k。

二、流态与能量损失关系

我们已经知道液体在管路中流动的总能量损失等于各管段的沿程损失和所有局部损失之和。沿程损失与流速有关，而流速大小使液体在流动时呈现不同的流态。我们继续用试验来测定流态、流速与沿程损失的关系。

在图 4-2 中把两根测压管装在管 B 的断面 1、2 处，以管中心为基准面，根据伯努利方程，列 1、2 两断面能量方程式，得

$$\frac{p_1}{\gamma} - \frac{p_2}{\gamma} = h_f$$

这就是说，两测压管的液面差即是 1、2 两断面的沿程水头损失。

用阀门 C 调节流量，通过测量流量就可以得到沿程水头损失与平均流速的多组数据。若以 $\lg v$ 为横轴，以 $\lg h_f$ 为纵轴，将试验数据绘出，得到 $h_f - v$ 关系曲线，如图 4-3 所示。

试验曲线 $OABDE$ 在流速由小变大时获得；而流速由大变小时的试验曲线是 $EDCAO$。其中 AD 部分不重合。图中 B 点对应的流速是上临界流速 v'_k，A 点是下临界流速 v_k。

图 4-3 所示 $h_f - v$ 关系图，分为三部分：

（1）OA 段　当流速较小 $v < v_k$ 时，流动为层流。所有的试验点都分布在与横轴成 $45°$ 的直线上，OA 的斜率 $m_1 = 1.0$。

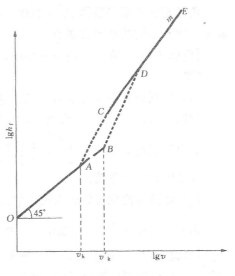

图 4-3　$h_f - v$ 关系图

（2）CDE 段　当流速较大 $v > v_k$ 时，流动为紊流。CE 的开始部分是直线，与横轴成 $60°15'$，往上略呈弯曲，然后又逐渐成为与横轴成 $63°25'$ 的直线，CDE 段的斜率 $m_2 = 1.75 \sim 2.0$。

（3）AC 段、BD 段　试验点分布比较散乱，是流态不稳定的过渡区域，但总的趋势是沿程损失随平均流速的增大而急剧上升，其斜率均大于 2.0。

上述试验结果如用直线方程来表示：$\lg h_f = \lg A = m \lg B$

层流时，$m_1 = 1.0$，$h_f = A_1 v^{1.0}$，沿程损失和流速一次方成正比；紊流时，$m_2 = 1.75 \sim 2.0$，$h_f = A_2 v^{1.75 \sim 2.0}$，沿程水头损失与流速的 $1.75 \sim 2.0$ 次方成正比。

雷诺实验揭示了流体流动存在着两种性质不同的流态即层流和紊流。它们的内在结构不同，因而水头损失的规律也不同。因此，要计算水头损失，首先必须判断流体的流态。

三、流态的判别准则—临界雷诺数

在不能直接观察其内部结构的流体，怎样才能判别流体的流态呢？雷诺等人曾对不同流体和不同的管径进行实验，发现临界流速的大小与管径 d、流体的密度 ρ 和动力黏度 μ 有关，也就是说影响流态的因素共有四个：流速 v、管径 d、流体密度 ρ 和动力黏度 μ 或液体的黏度 $\nu \left(\dfrac{1}{\nu} = \dfrac{\rho}{\mu} \right)$。雷诺将以上四个参数组合成一个无因次数，叫雷诺数，用 Re 表示

$$Re = \frac{vd\rho}{\mu} = \frac{vd}{\nu} \tag{4-6}$$

对应于临界流速的雷诺数称为临界雷诺数，用 Re_k 表示，大量的实验表明，上临界雷诺数 Re_k' 很不稳定，在实际工程计算中无实用意义。而下临界雷诺数 Re_k' 是不随管径大小和流体种类改变的常数，其值约为 2000。即

$$Re_k = \frac{v_k d}{\nu} = 2000 \tag{4-7}$$

因此，流态的判别条件是：当 $Re = \dfrac{v_k d}{\nu} \leqslant 2000$ 时，流动为层流。

当 $Re = \dfrac{v_k d}{\nu} > 2000$ 时，流动为紊流。

需说明临界雷诺数值 $Re_k = 2000$，是仅就圆管压力流而言。若对边界条件发生变化的流动，则有不同的临界雷诺数。

【例题 4-1】 有一管径 $d = 25mm$ 的室内给水管道，已知管中流速 $v = 1.0m/s$，水温 $t = 10℃$。

（1）试判别管中水的流态；（2）管内保持层流状态的最大流速为多少？

【解】 （1）查表，当水温 $t = 10℃$ 时，水的运动黏度 $\nu = 1.31 \times 10^{-6} m^2/s$。

管内雷诺数为 $Re = \dfrac{v_k d}{\nu} = \dfrac{1.0 \times 0.025}{1.31 \times 10^{-6}} = 19100 > 2000$

故管中水流为紊流。

（2）保持层流状态的最大流速就是临界流速 v_k

由于 $\quad Re_k = \dfrac{v_k d}{\nu} = 2000 \quad$ 故 $v_k = \dfrac{2000 \times 1.31 \times 10^{-6}}{0.025} = 0.105 m/s$

【例题 4-2】 某送风管道，圆管直径 $d = 200mm$，风速 $v = 3.0m/s$，空气温度 $t = 30℃$。（1）试判别风道内气体的流态。（2）该风管的临界流速是多少？

【解】 （1）查表，当温度 $t = 30℃$ 时，空气的运动黏度 $\nu = 16.6 \times 10^{-6} m^2/s$。

$\qquad$ 风管内雷诺数为 $Re = \dfrac{v_k d}{\nu} = \dfrac{3 \times 0.2}{16.6 \times 10^{-6}} = 36150 > 2000 \quad$ 故紊流。

（2）求临界流速 v_k

由于 $\quad Re_k = \dfrac{v_k d}{\nu} = 2000 \quad$ 故 $v_k = \dfrac{2000 \times 16.6 \times 10^{-6}}{0.2} = 0.166 m/s$

从以上两例看出，水和空气的绝大多数都是紊流，只有在管径和流速很小及运动黏度很大的情况下，才可能出现层流。

第三节　能量损失的计算

在能量损失计算中沿程水头损失和局部水头损失的系数究竟怎样确定呢？这些系数与流态又有什么关系呢？

一、沿程阻力系数的确定

下面分流态讨论一下影响沿程阻力系数的主要因素：

（1）层流沿程阻力系数。利用牛顿内摩擦定律和能量守恒定律，从理论上推出

$$\lambda = \frac{64}{Re}$$

它表明圆管层流沿程阻力系数仅与雷诺数有关，且成反比，而与管道的粗糙度无关。

（2）紊流沿程阻力系数。在图 4-2 实验中可以观察到紊流中流体质点杂乱无章，而且迅速变化。由于紊流的复杂性，所以 λ 值的确定，现有的仍然只有经验和半经验方法。

尼古拉兹采用多种管径和多种粒径的砂粒进行实验。实验中，用人工方法在管道内壁涂胶，粘上砂粒，砂粒的直径就是管道的绝对粗糙度，管道的粗糙特性是一致的，这就是所谓人工粗糙管。尼古拉兹采用不同直径的管道和不同直径的砂粒制成的粗糙度不同的管道，把这些管道放在类似于图 4-2 的装置中，再分别对每一组进行实验,得到了 $\dfrac{K}{d} = \dfrac{1}{30}$ ~

$\dfrac{1}{1014}$ 的六种不同粗糙度的管道中,沿程阻力系数 λ 和雷诺数 Re 及管道相对粗糙度 $\dfrac{K}{d}$ 之间的关系。并根据实验数据绘制尼古拉兹实验曲线,见图 4-4。图中曲线可分为五个区域。

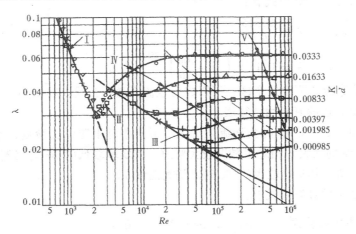

图 4-4　尼古拉兹实验曲线

后来又有许多人作了类似的实验,发现工业管道与尼古拉兹的实验值存在一定差异。为了解决这个问题,引入当量粗糙高度的概念(或称当量绝对粗糙度)。所谓当量绝对粗糙度 K 是指和工业管道在紊流粗糙区 λ 值相等的同直径尼古拉兹粗糙管的糙粒高度。如实测出某种材料工业管道在粗糙区时的 λ 值,将它与尼古拉兹实验结果进行比较,再找出同一直径与 λ 值相等的尼古拉兹粗糙管的糙粒高度。表 4-1 列出几种常见工业管道当量糙粒高度值。

工业管道当量糙粒高度　　　　　　　　　　　　表 4-1

管道材料	K(mm)	管道材料	K(mm)
钢板制风管	0.15(引自全国通用通风管道计算表)	竹风道	0.8~1.2
塑料板制风管	0.01(引自全国通用通风管道计算表)	铅管、铜管、玻璃管	0.01 光滑(以下引自莫迪当量粗糙图)
矿渣石膏板风管	1.0(以下引自采暖通风设计手册)	镀锌钢管	0.15
表面光滑砖风道	4.0	钢管	0.046
矿渣混凝土板风道	1.5	涂沥青铸铁管	0.12
铁丝网抹灰风道	10~15	铸铁管	0.25
胶合板风道	1.0	混凝土管	0.3~3.0
地面沿墙砌造风道	3~6	木条拼合圆管	0.18~0.9
墙内砖砌风道	5~10		

下面以尼古拉兹实验曲线为基础,来分析一下五个区的曲线特点,了解在这五个区的半经验或经验公式。

第 I 区,$Re < 2000$ 时层流区。所有的实验点,不论其相对粗糙度大小,都集中在一条直线,这表明 λ 只与 Re 有关,而与粗糙度无关。$\lambda = \dfrac{64}{Re}$。

第Ⅱ区，$2000 < Re < 4000$ 时是层流向紊流的转变过程称临界过渡区。此区 λ 只与 Re 有关，而与粗糙度无关。工程实际中 Re 在这个区域极少，且层流极易转为紊流。

在此区域求 λ 的计算公式有：

布拉修斯公式 $\qquad \lambda = \dfrac{0.3164}{Re^{0.25}}$ （4-8）

紊流区通用公式 $\qquad \lambda = 0.11 \times \left(\dfrac{K}{d} + \dfrac{68}{Re} \right)^{0.25}$ （4-9）

此公式适合紊流的下面三个区，所以成为紊流区通用公式。在供热工程中用于室内采暖管道 λ 的计算，已编有专用计算表。

第Ⅲ区，$4000 < Re < 10^5$ 时为紊流光滑区。不同相对粗糙的实验点，起初都集中在曲线 b 线。随着 Re 的加大，相对粗糙度较大管道，其实验较低的 Re 时就偏离曲线 b。而相对粗糙度较小管道，其实验较大的 Re 时才偏离曲线 b。

在此区域求 λ 的计算公式有：

普朗特-尼古拉兹公式 $\qquad \dfrac{1}{\sqrt{\lambda}} = 2\log(Re\sqrt{\lambda} - 0.8)$ （4-10）

布拉修斯公式 $\qquad \lambda = \dfrac{0.3164}{Re^{0.25}}$ （4-11）

第Ⅳ区，$0.32 \times \left(\dfrac{d}{K} \right)^{1.28} < Re < 1000 \left(\dfrac{d}{K} \right)$ 紊流光滑区到紊流粗糙区的过渡区。实验点已偏离光滑曲线 b。不同相对粗糙度的实验点各自分散成一条条波状曲线。λ 与 Re 无关，而与相对粗糙度 K/d 有关。

在此区域求 λ 的计算公式有：

洛巴耶夫公式 $\qquad \lambda = \dfrac{1.42}{\left[\lg\left(Re \cdot \dfrac{d}{K} \right) \right]^2}$ （4-12）

柯列勃洛克公式（以下简称柯氏公式）

$$\dfrac{1}{\sqrt{\lambda}} = -2\log\left(\dfrac{K}{3.7d} + \dfrac{2.51}{Re\sqrt{\lambda}} \right)$$ （4-13）

柯氏公式在国内外得到了极广泛的应用，我国风管道的设计计算，目前是以柯氏公式为基础的。柯氏公式实际上是尼古拉兹光滑区和粗糙区公式的结合。为了简化计算，莫迪在柯氏公式的基础上，绘制了工业管道 λ 的计算曲线，反映 Re、$\dfrac{K}{d}$ 和 λ 对应关系的莫迪图（图4-5），在图上可根据 Re 和 $\dfrac{K}{d}$ 直接查出 λ 值。

第Ⅴ区，$Re > 1000 \left(\dfrac{d}{K} \right)$ 为紊流粗糙区。不同相对粗糙度的实验点，分别落在与横坐标平行的直线上。λ 与 Re 无关，而与相对粗糙度 $\dfrac{K}{d}$ 有关。

在此区域求 λ 的计算公式有：

尼古拉兹粗糙管公式 $\qquad \lambda = \dfrac{1}{\left(1.74 + 2\log\dfrac{d}{2K} \right)^2}$ （4-14）

希弗林松公式 $\qquad \lambda = 0.11 \left(\dfrac{K}{d} \right)^{0.25}$ （4-15）

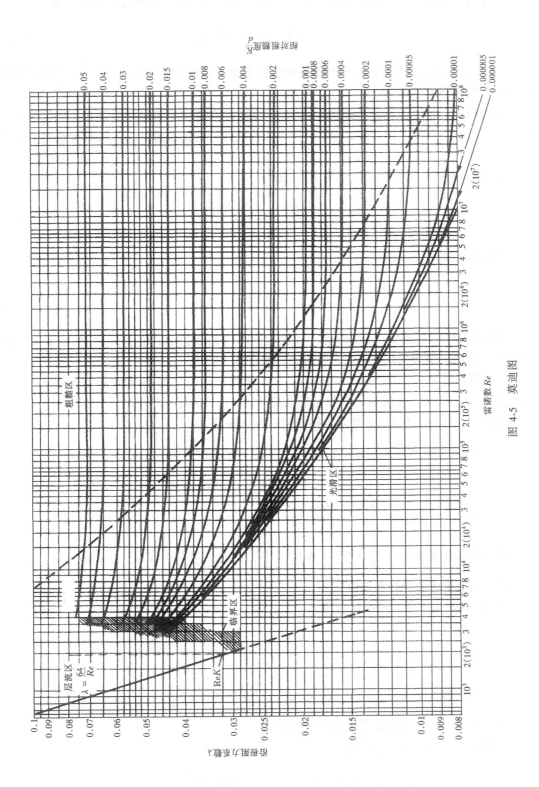

图 4-5 莫迪图

63

一般气体输送管道均接近阻力平方区，其沿程阻力系数 λ 可按以下公式计算：

$$\lambda = k\left(0.0125 + \frac{0.011}{D}\right) \tag{4-16}$$

式中 D 为管径，k 是决定于管壁粗糙度的系数，内壁光滑管取 $k = 1.0$，新焊接管取 $k = 1.3$，旧焊接管取 $k = 1.6$。

在给排水工程中的钢管和铸铁管的水力计算，由于钢管和铸铁管在使用后会发生锈蚀或沉垢，管壁粗糙加大，λ 也会加大，所以工程设计一般按旧管计算，采用舍维列夫公式计算。

过渡区公式（$v < 1.2\text{m/s}$，水温 $t = 283\text{K}$）

$$\lambda = \frac{0.0179}{d^3} 0.01\left(1 + \frac{0.867}{v}\right)^{0.3} \tag{4-17}$$

粗糙区公式（$v > 1.2\text{m/s}$）

$$\lambda = \frac{0.021}{d^{0.3}} \tag{4-18}$$

【例题 4-3】 在管径 $d = 100\text{mm}$，管长 $L = 300\text{m}$ 的圆管中，输送 $t = 10℃$ 的水，其雷诺数 $Re = 8000$，试分别求下列三种情况下的沿程水头损失。

（1）管内壁为 $K = 0.15\text{mm}$ 均匀砂粒的人工粗糙管。（2）为光滑铜管（即流动处于紊流光滑区）。（3）为工业管道，其当量糙粒高度 $K = 0.15\text{mm}$。

【解】 （1）$K = 0.15\text{mm}$ 的人工粗糙管沿程水头损失

根据 $Re = 8000$ 和 $\dfrac{K}{d} = \dfrac{0.15}{100} = 0.0015$，在图 4-5 莫迪图查得 $\lambda = 0.02$

$$t = 10℃ \text{ 的水，黏度 } \nu = 1.308\text{mm}^2/\text{s}$$

由 $Re = \dfrac{vd}{\nu}$ 故 $v = \dfrac{Re\nu}{d} = \dfrac{8000 \times 1.308}{100} = 10.464\text{mm/s} = 1.046 \times 10^{-2}\text{ m/s}$

沿程水头损失 $h_f = \lambda \dfrac{L}{d} \cdot \dfrac{v^2}{2g} = 0.02 \times \dfrac{300}{0.1} \times \dfrac{1.046 \times 10^{-2}}{2 \times 9.81} = 0.032\text{ mH}_2\text{O}$

（2）光滑铜管的沿程水头损失

在 $Re < 10^5$ 时采用布拉修斯公式

$$\lambda = \frac{0.3164}{Re^{0.25}} = 0.0188$$

沿程水头损失 $h_f = \lambda \dfrac{L}{d} \cdot \dfrac{v^2}{2g} = 0.0188 \times \dfrac{300}{0.1} \times \dfrac{1.046 \times 10^{-2}}{2 \times 9.81} = 0.03\text{ mH}_2\text{O}$

（3）$K = 0.15\text{mm}$ 为工业管道沿程水头损失

根据判别式判别流动的区域

$$0.32 \times \left(\frac{d}{K}\right)^{1.28} = 0.32 \times \left(\frac{100}{0.15}\right)^{1.28} = 1318$$

$$1000\left(\frac{d}{K}\right) = 1000\left(\frac{100}{0.15}\right) = 6.67 \times 10^5$$

$$0.32 \times \left(\frac{d}{K}\right)^{1.28} < Re < 1000\left(\frac{d}{K}\right) \text{ 为紊流过渡区}$$

采用洛巴耶夫公式 $\lambda = \dfrac{1.42}{\left[\lg\left(Re \cdot \dfrac{d}{K}\right)\right]^2} = \dfrac{1.42}{\left[\lg\left(8000 \times \dfrac{100}{0.15}\right)\right]^2} \cong 0.024$

沿程水头损失 $h_f = \lambda \times \dfrac{L}{d}\dfrac{v^2}{2g} = 0.024 \times \dfrac{300}{0.1} \times \dfrac{1.046 \times 10^{-2}}{2 \times 9.81} = 0.038 \text{ mH}_2\text{O}$

二、局部阻力系数的确定

局部损失的种类繁多，形状各异，边壁变化也比较复杂，同时不同的流态遵循不同的规律。下面分流态讨论一下影响局部阻力系数的主要因素：

（1）层流局部阻力系数。实验研究证明：如果流体以层流经过局部阻碍，而且受到干扰后流动仍能保持层流的话，这种情况局部阻力系数 ξ 与诺数雷 Re 成反比，即

$$\xi = B/Re \tag{4-19}$$

式中 B 是随局部阻碍的形状而异的常数。

（2）紊流局部阻力系数

局部阻碍的种类虽多，但分析其流动特征，主要归结为三类：一类是过流断面的扩大或收缩，如突扩管、突缩管、渐扩管等。二类是流动方向的改变，如直角弯头、折角弯头、圆角弯头等。三类是流量的合入和分出，如合流三通、分流三通等。如图4-6所示。

从边壁变化的缓急来看，局部阻碍又分为突变的和渐变的两类。图4-6中的 a、c、e、g 是突变的，而 b、d、f、h 是渐变的。根据边壁变化分析，引起局部损失的原因，主要来自以下两个方面。

1）当流体以紊流通过突变的局部障碍时，在惯性力的作用下，流体不能向边壁那样突然转折，于是在边壁突变的地方，出现主流与边壁脱离的现象，因而在主流与固体边壁之间产生涡流区。由于旋涡的能量来自主流，因而不断消耗主流的能量。

2）在边壁无突然变化，但沿流动方向出现减速增压现象，也会产生涡流区。例如图4-6（b）所示的渐扩管中，流速沿程减小，压力不断增加。在这样的减速增压区，流体质点受到与流动方向相反的压差作用，使靠近壁面流速原本就小的流体质点，速度逐渐减小到零。就在流速等于零的地方，主流开始与边壁脱离，在出现反向流动的地方出现旋涡区。旋涡区内不断产生旋涡，旋涡区中的流体质点不断地被主流带走，而主流区将有流体给予补充。

对各种局部阻碍进行大量实验研究表明，紊流局部阻力系数 ξ 一般说来决定于局部阻碍的几何形状、固体壁面的相对粗糙和雷诺数。即

$$\xi = f \text{（局部阻碍形状、相对粗糙、} Re\text{）}$$

各种 ξ 为局部阻力系数的值，除了少数可用理论推导的公式计算外，多数均通过实验确定。并由此编制成专用计算图、表，供计算时查用。见表4-2常见几种管件局部阻力系数 ξ。

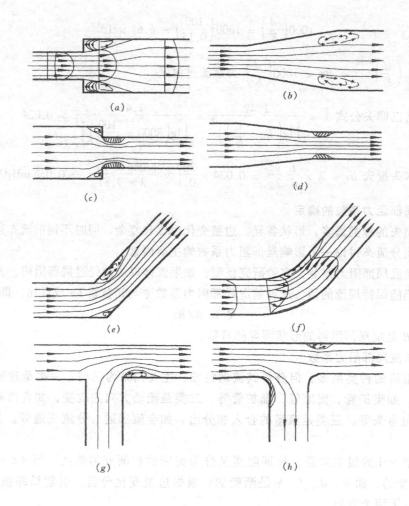

图 4-6　几种典型的局部阻碍

(a) 突扩管；(b) 渐扩管；(c) 突缩管；(d) 渐缩管；(e) 折弯管；
(f) 圆弯管；(g) 锐角合流三通；(h) 圆角分流三通

应注意，表 4-2 中的 ξ 值，都是针对某一过流断面的平均流速而言的。查表时必须与指定的断面流速相对应，凡未注明的，均应采用局部阻碍以后的流速。

常见几种管件的局部阻力系数 ξ　　　　　　　　　　　　　　　　表 4-2

序号	管件名称	示意图	局部阻力系数							
1	突然扩大	$\rightarrow v_1$　A_1　　A_2　$\rightarrow v_2$	$\dfrac{A_1}{A_2}$	0.01	0.1	0.2	0.4	0.6	0.8	0.9	1.0
			ξ	0.93	0.81	0.64	0.36	0.16	0.04	0.01	0

<table>
<tr><th>序号</th><th>管件名称</th><th>示意图</th><th>局部阻力系数</th></tr>
<tr><td>2</td><td>突然缩小</td><td>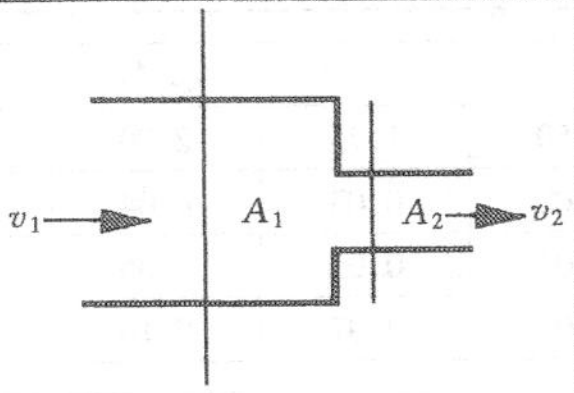
</td><td><table><tr><td>$\frac{A_1}{A_2}$</td><td>0.01</td><td>0.1</td><td>0.2</td><td>0.4</td><td>0.6</td><td>0.8</td><td>0.9</td><td>1.0</td></tr><tr><td>ξ</td><td>0.5</td><td>0.47</td><td>0.45</td><td>0.34</td><td>0.25</td><td>0.15</td><td>0.09</td><td>0</td></tr></table></td></tr>
<tr><td>3</td><td>管子入口</td><td>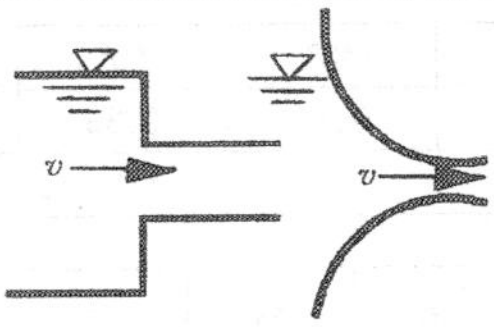
</td><td>边缘尖锐时 $\xi=0.50$
边缘光滑时 $\xi=0.20$
边缘极光滑时 $\xi=0.05$</td></tr>
<tr><td>4</td><td>管子出口</td><td>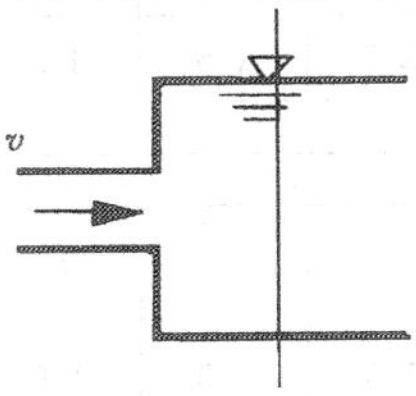
</td><td>$\xi=1.0$</td></tr>
<tr><td>5</td><td>转心阀门</td><td>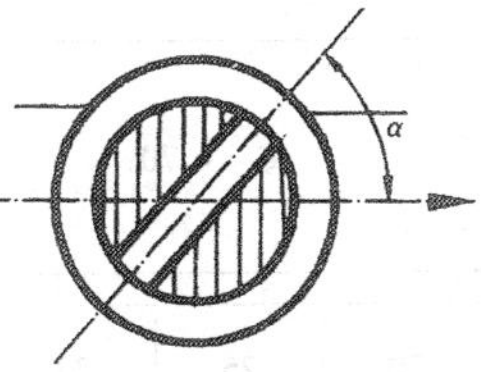
</td><td><table><tr><td>α</td><td>10°</td><td>15°</td><td>20°</td><td>25°</td><td>30°</td><td>35°</td><td>40°</td><td>45°</td><td>50°</td><td>55°</td><td>60°</td></tr><tr><td>ξ</td><td>0.29</td><td>0.75</td><td>1.56</td><td>3.10</td><td>5.47</td><td>9.68</td><td>17.3</td><td>31.2</td><td>52.6</td><td>106</td><td>206</td></tr></table></td></tr>
<tr><td>6</td><td>带有滤网底阀</td><td>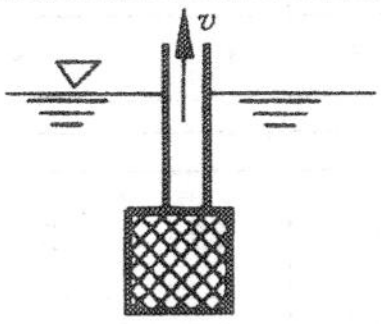
</td><td>$\xi=5\sim10$</td></tr>
<tr><td>7</td><td>直流三通</td><td>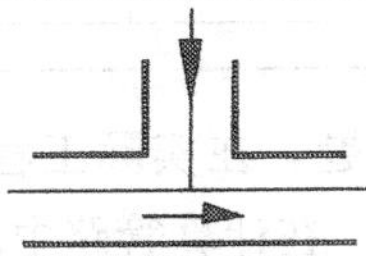</td><td>$\xi=1.0$</td></tr>
<tr><td>8</td><td>分流三通</td><td>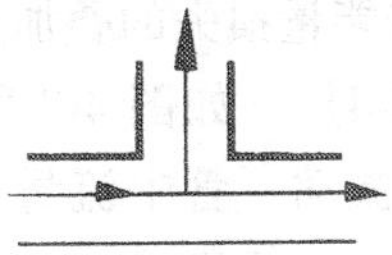</td><td>$\xi=1.5$</td></tr>
<tr><td>9</td><td>合流三通</td><td>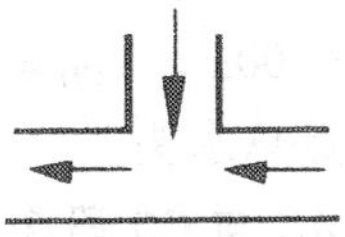</td><td>$\xi=3.0$</td></tr>
<tr><td>10</td><td>渐缩管</td><td>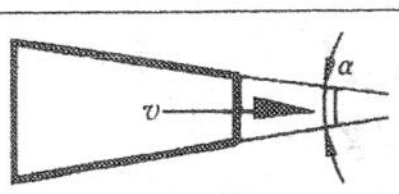
</td><td>当 $\alpha\leqslant45°$时，$\xi=0.01$</td></tr>
</table>

序号	管件名称	示意图	局部阻力系数					

序号	管件名称	示意图	α	A_2/A_1				
11	渐扩管			1.50	1.75	2.00	2.25	2.50
			$10°$	0.02	0.03	0.04	0.05	0.06
			$15°$	0.03	0.05	0.06	0.08	0.10
			$20°$	0.05	0.07	0.10	0.13	0.15
12	折管	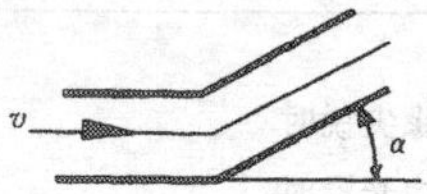	α	$20°$	$40°$	$60°$	$80°$	$90°$
			ξ	0.05	0.14	0.36	0.74	0.99
13	90°弯头	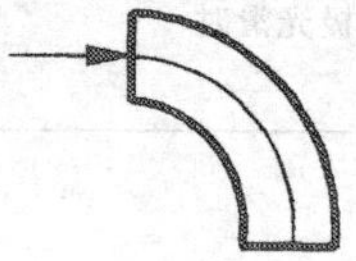	d (mm)	15	20	25	32	40	$\geqslant 50$
			ξ	2.0	2.0	1.5	1.5	1.0	1.0
14	90°煨弯	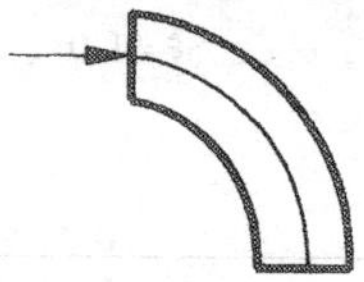	d (mm)	15	20	25	32	40	$\geqslant 50$
			ξ	1.5	1.5	1.0	1.0	0.5	0.5
15	止回阀	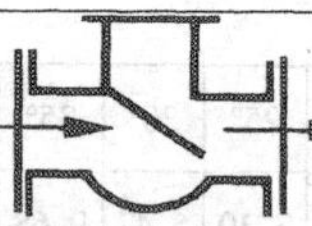	$\xi = 1.70$					
16	闸阀	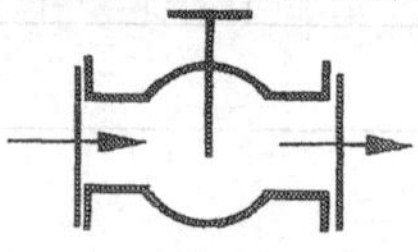	DN (mm)	15	20	25	32	40	$\geqslant 50$
			ξ	1.5	0.5	0.5	0.5	0.5	0.5
17	截止阀	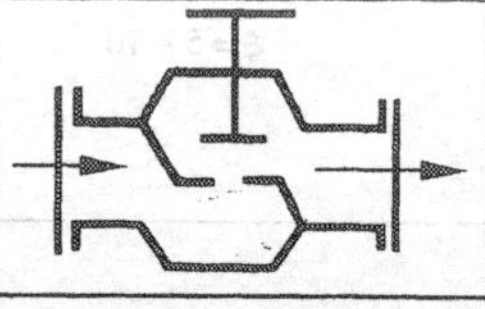	DN (mm)	15	20	25	32	40	$\geqslant 50$
			ξ	16.0	10.0	9.0	9.0	8.0	7.0

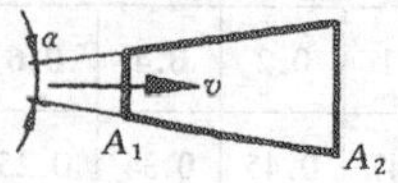

以上我们讨论了管路的沿程损失和局部损失的计算问题。在实际工程中,一个管路系统往往是由许多规格不同的管子及一些必要的局部阻碍组成。在计算管路中流体的总能量损失时,应分别计算各管段的沿程损失及各种局部损失,然后按能量损失的叠加原则进行计算。

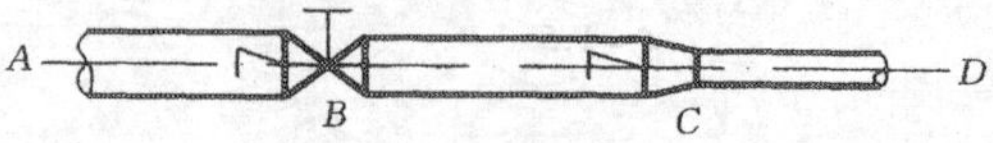

图 4-7 [例 4-4] 图

【例题 4-4】 如图 4-7 所示,水由管道中 A 点向 D 点流动,管中流量 $Q = 0.02\text{m}^3/\text{s}$,各管道的沿程阻力系数 $\lambda = 0.02$,B 处为阀门 $\xi = 2.0$;C 为渐缩管 $\xi = 0.5$。已知管长 $L_{AB} = 100\text{m}$,$L_{BC} = 200\text{m}$,$L_{CD} = 150\text{m}$,$d_{AB} = d_{BC} = 150\text{mm}$,$d_{CD} = 125\text{mm}$,若 A 点总水头 $H_A = 20\text{m}$,试求 D 点总水头。

【解】 由于整个管路直径不等,计算水头损失时,AC 与 CD 段需要分别计算。

AC 段
$$h_{\text{w}AC} = \left(\lambda \frac{L_{AC}}{d_{AC}} + \Sigma \xi_{AC} \right) \frac{v_{AC}^2}{2g}$$

其中 $L_{AC} = L_{AB} + L_{BC} = 100 + 200 = 300\text{m}$,$\xi_{AC} = \xi_{AB} = 2$;

$$v_C = \frac{Q}{\frac{1}{4}\pi d_{AC}^2} = \frac{0.02}{\frac{1}{4} \times 3.14 \times 0.15^2} = 1.13\text{m/s}$$

所以　　　　　　　$$h_{wAC} = \left(0.02 \times \frac{300}{0.15} + 2\right)\frac{1.13^2}{2 \times 9.81} = 2.73\ \text{mH}_2\text{O}$$

CD 段　　　　　　　$$h_{wCD} = \left(\lambda \frac{L_{CD}}{d_{CD}} + \Sigma\zeta_{CD}\right)\frac{v_{CD}^2}{2g}$$

其中 $L_C = 150\text{m}, \zeta_{CD} = \zeta_C = 0.5$;

$$v_D = \frac{Q}{\frac{1}{4}\pi d_{CD}^2} = \frac{0.02}{\frac{1}{4} \times 3.14 \times 0.125^2} = 1.63\text{m/s}$$

所以 $$h_{wCD} = \left(0.02 \times \frac{150}{0.125} + 0.5\right)\frac{1.63^2}{2 \times 9.81} = 3.32\text{mH}_2\text{O}$$

$$h_{wAD} = h_{wAC} + h_{wCD} = 2.73 + 3.32 = 6.05\text{mH}_2\text{O}$$

$$H_A = H_D + h_{wAD}$$

$$H_D = H_A - h_{wAD} = 20 - 6.05 = 13.95\ \text{mH}_2\text{O}$$

三、减小阻力的措施

减小阻力长期以来就是工程流体力学中的一个重要的研究课题。这方面的研究成果对国民经济和国防建设的很多部门都有十分重要的意义。例如，对于在流体中航行的各种运载工具（飞机、轮船等），减小阻力就意味着减小发动机的功率和节省燃料，或者在可能提供的动力条件下提高航行速度。长距离输送像原油这类黏性很高的液体，需要消耗巨大的能量，如能将原油的管输摩擦阻力大幅度降低，当然会给国民经济带来很大的好处。

在前面已经学习了液体在流动中阻力表现为造成能量的损失，影响流动能量损失的因素也就是影响阻力的因数。所以，影响流动阻力的主要因素：边壁粗糙度、流体本身黏性。

减小阻力的措施有以下两种途径:(一)在流体的内部投加少量的添加剂,使其影响流体运动的内部结构来实现减阻。添加剂的减阻是近 20 年才发展起来的减阻技术。虽然到目前为止,它在工业技术中还没有得到广泛的应用,但就当前了解的实验研究成果和少数生产使用情况来看,它的减阻效果是很突出的。(二)改进流体外部的边界,改善边壁对流体的影响。要降低粗糙区或过渡区内紊流沿程阻力,最容易想到的减阻方法是减小管壁的粗糙度。此外,减小紊流局部阻力的着眼点在于防止或推迟流体与壁面的分离,避免旋涡区的产生或减小旋涡区的大小和强度。

第四节　管　路　计　算

在实际工程中,流体在输送过程中采用一些什么样的管路呢? 究竟怎样进行管路计算呢?

实际工程中的管道,可分为简单管路和复杂管路。复杂管路又分为串联管路和并联管路等。下面介绍这几种管路的计算。

一、简单管路

简单管路是指管径和流量沿程不变的管路系统。该系统的组成是最简单的,它是各种

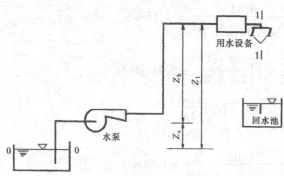

图 4-8　简单管路

复杂管路的基本组成部分。其水力计算方法是各种复杂管路水力计算的基础。

1. 开式供水系统

如图 4-8 所示为简单管路, 开式供水系统将一定流量的水, 通过直径不变的吸水管路、压水管路输送至用水设备处, 该系统出水管末端与大气相通, 称开式供水系统。

在图中, 选取水池水面为基准面 0-0, 用水设备出水断面为 1-1, 列 0-0 和 1-1 的能量方程。

$$Z_0 + \frac{p_0}{\gamma} + \frac{\alpha_0 v_0^2}{2g} + H = Z_1 + \frac{p_1}{\gamma} + \frac{\alpha_1 v_1^2}{2g} + h_{w0-1}$$

由于 $Z_0 = 0, Z_1 = Z, p_0 = p_1, \frac{v_0^2}{2g} \approx 0$, 设 $\alpha_0 = \alpha_1 = 1.0, v_1 = v$ 代入上式可得

$$H = Z + \frac{v^2}{2g} + h_w \qquad (4-20)$$

式中　H——水泵应产生的总水头;

　　　　Z——水泵对单位重量流体（水）提供的位置水头;

　　　　$\frac{v^2}{2g}$——水泵对单位重量流体（水）提供的流速水头, 又称出流水头;

　　　　h_w——单位重量流体（水）, 通过整个管路的全部水头损失（m）。

对于气体管路, 由于空气重度 γ 较小, Z_r 这一项可以忽略不计, 所以通风机应产生的总压力

$$p = \frac{v^2}{2g}\gamma + p_w \qquad (4-21)$$

式中　p_w——通风管路的全部压力损失（N/m²）。

2. 闭式供水系统

如图 4-9 所示为锅炉给水系统, 水泵将水从水池中抽上来, 经吸水管和压水管送水入锅炉, 由于管路末端不与大气相通, 所以称闭式供水系统。

同样, 取水池水面为基准面 0-0。列水池水面 0-0 和锅炉水面 1-1 的能量方程

$$Z_0 + \frac{p_0}{\gamma} + \frac{\alpha_0 v_0^2}{2g} + H = Z_1 + \frac{p_1}{\gamma} + \frac{\alpha_1 v_1^2}{2g} + h_{w0-1}$$

由于 $Z_0 = 0, Z_1 = Z, p_0 = 0, \frac{v_1^2}{2g} \approx 0, \frac{v_0^2}{2g} \approx 0,$ $\alpha_0 = \alpha_1 = 1.0$, 设锅炉内蒸汽的相对压强 $p_1 = p_g$。

　　所以　　　$H = Z + \frac{p_g}{\gamma} + h_w$ 　　　(4-22)

式中　H——水泵应产生的总水头（m）;

　　　　Z——水泵对单位重量流体（水）提供的位置水头（m）;

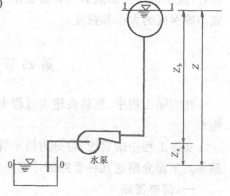

图 4-9　锅炉给水系统

$\dfrac{p_g}{\gamma}$——锅炉内蒸汽压强水头（m）；

h_w——单位重量流体（水），通过整个管路的全部水头损失（m）。

在上述开式和闭式供水系统中，由于简单管路流速沿程不变，所以水头损失 h_w 为：

$$h_w = h_F + h_J = \left(\lambda \frac{L}{d} + \Sigma\xi\right)\frac{v^2}{2g}$$

又由于 $v = \dfrac{Q}{A} = \dfrac{4Q}{\pi d^2}$，因此，$h_w = \left(\lambda \dfrac{L}{d} + \Sigma\xi\right)\dfrac{16Q^2}{\pi^2 d^4 2g} = \dfrac{\left(\lambda \dfrac{L}{d} + \Sigma\xi\right)}{1.23 d^4 g}Q^2$，令

$\dfrac{\left(\lambda \dfrac{L}{d} + \Sigma\xi\right)}{1.23 d^4 g} = S$。

即
$$h_w = SQ^2 \tag{4-23}$$

式中 h_w——管路的水头损失（m）；

Q——管路的流量（m^3/s）；

S——管路的特性阻力系数（s^2/m^5），又称为管路阻抗。

对于气体管路：
$$P_w = \gamma S Q^2 \tag{4-24}$$

从公式（4-23）可以看出，对于一定的流体，即 γ 一定，当管路直径 d 和长度 L 已经确定，各种配件已经选定，即 $\Sigma\xi$ 已定的情况下，S 只与 λ 有关。如前面所述，当流态处于紊流粗糙区和紊流过渡区，λ 接近于常数。本专业的流体流动一般都处于紊流粗糙区和紊流过渡区。故在工程计算中，可以把 S 视为常数。这样水头损失（压力损失）与流量的平方成正比。该公式综合地反映了流体在管路中的构造特性和流动特性规律，故可称为管路特性方程式。

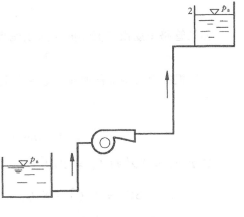

【例题 4-5】 开口水池液面位于水泵下 4m 处，水泵将水提升送到距水泵 25m 高的另一个开口水池中，流量 $Q = 10 m^3/h$，管径 $DN = 50mm$，总长 137m，管道的沿程阻力系数 $\lambda = 0.02$，管道上有 4 个弯头，2 个闸阀，试确定管路的特性阻力系数 S 和水泵提供的扬程 H（如图 4-10）。

图 4-10 ［例 4-5］图

【解】 沿流向管件的局部阻力系数

4 个弯头 $\qquad\qquad\qquad\qquad \xi_1 = 4 \times 0.5 = 2$

2 个闸阀 $\qquad\qquad\qquad\qquad \xi_2 = 2 \times 0.5 = 1$

根据公式，管路的特性阻力系数

$$S = \frac{\left(\lambda \dfrac{L}{d} + \Sigma\xi\right)}{1.23 d^4 g} = \frac{\left(0.02 \times \dfrac{137}{0.05} + 3\right)}{1.23 \times 0.05^4 \times 9.81} = 7.66 \times 10^5 \ s^2/m^5$$

管中断面平均流速 $v = \dfrac{4Q}{\pi d^2} = \dfrac{4 \times 10}{3600 \times 3.14 \times 0.05^2} = 1.42 m/s$

整个管路的水力损失 $h_w = SQ^2 = 7.66 \times 10^5 \times \left(\frac{10}{3600}\right)^2 = 5.91 \text{mH}_2\text{O}$

水泵应提供的扬程 $H = Z + \frac{v^2}{2g} + h_w = (4 + 25) + \frac{1.42^2}{2 \times 9.81} + 5.91 = 35.0 \text{mH}_2\text{O}$

二、串联管路的计算

串联管路是由许多长度不同、直径不同的管道首尾相接组合而成的。串联管路的特点是：

（1）整个串联管路可分若干个管段，每一个管段都是简单管路，各个简单管路相连接的点称为"节点"，通过各节点的流量相等。以流入流量为正，流出流量为负，则每个节点处都有

$$\Sigma Q = 0 \tag{4-25}$$

通风串联管路如图 4-11，设管路总流量为 Q，节点的流量为 q，末端出流流量为 Q_0，则各管段的流量为：$Q_D = Q_0$；$Q_C = Q_D + q_1 = Q_0 + q_1$；$Q_B = Q_C + q_2 = Q_0 + q_1 + q_2$；$Q = Q_A = Q_B = Q_0 + q_1 + q_2$

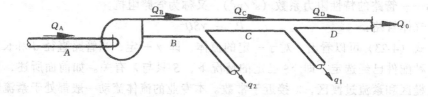

图 4-11 通风串联管路

如果管路中途没有流体的流入或流出，各管段的流量就相等。即

$$Q = Q_A = Q_B = Q_C = Q_0$$

（2）根据阻力叠加的原则，整条管道的总水头（压力）等于各个管段的水头（压力）损失之和。

$$h_w = h_{w(A)} + h_{w(B)} + h_{w(C)} + \cdots\cdots + h_{w(n)} = \sum_{i=1}^{n} h_{w(i)} \tag{4-26}$$

由于 $h_w = SQ^2$ 则 $P_w = \gamma SQ^2$

$$SQ^2 = S_A Q_A^2 + S_B Q_B^2 + S_C Q_C^2 + \cdots\cdots + S_N Q_N^2 = \sum_{i=1}^{n} S_i Q_i^2 \tag{4-27}$$

由于管段中没有流体的流入或流出，流量 Q 各管段相等。则

$$S = S_A + S_B + S_C + \cdots\cdots + S_N = \sum_{i=1}^{n} S_i \tag{4-28}$$

总管路的特性阻力系数等于各管段的特性阻力系数之和。

在了解流量关系和阻力关系的基础上，分析图 4-11 所示的通风机在串联管路系统中所需提供的总压头为

$$P = \frac{v_0^2}{2g}\gamma + \sum_{i=1}^{n} \gamma h_{w(i)} \tag{4-29}$$

或

$$P = \frac{v_0^2}{2g}\gamma + \sum_{i=1}^{n} p_{w(i)} \tag{4-29A}$$

式中 p——通风机应产生的总压头（N/m²）；

v_0——串联管路系统末端出流速度（m/s）。

$\sum\limits_{i=1}^{n}\gamma h_{w(i)}$ 或 $\sum\limits_{i=1}^{n}p_{w(i)}$ ——各管段压头损失之和（N/m²）。

【例题 4-6】 如图 4-11 的圆形管通风串联管路，已知 $L_A = 1.4m, d_A = 700mm; L_B = 5m, d_B = 700mm; L_C = 7m, d_C = 650mm; L_D = 6m, d_D = 400mm;$ 沿程阻力系数 $\lambda = 0.02$，各管段的局部阻力系数 $\xi_A = 0.5, \xi_B = 0.5, \xi_C = 1.0, \xi_D = 1.5$，流量 $Q_0 = 0.55m^3/s, q_1 = 1.11m^3/s, q_2 = 0.83m^3/s$，求风机应提供的总压头。

【解】 风机应提供的总压头 $p = \dfrac{v_0^2}{2g}\gamma + \sum\limits_{i=1}^{n}p_{w(i)}$

因此，首先计算各串联管路管段的压头损失。

管段 D：流量 $Q_D = Q_0 = 0.55m^3/s$

$$v_D = \frac{4 \times 0.55}{3.14 \times 0.4^2} = 4.38m/s$$

$$p_{w(D)} = \left(\lambda\frac{L_D}{d_D} + \Sigma\xi_D\right)\frac{v_D^2}{2g}\gamma = \left(0.02 \times \frac{6}{0.4} + 1.5\right) \times \frac{4.38^2}{2 \times 9.81} \times 12.65 = 22.26Pa$$

管段 C：流量 $Q_C = Q_0 + q_1 = 0.55 + 1.11 = 1.66\ m^3/s$

$$v_C = \frac{4 \times 1.66}{3.14 \times 0.65^2} = 5m/s$$

$$p_{w(C)} = \left(\lambda\frac{L_C}{d_C} + \Sigma\xi_C\right)\frac{v_c^2}{2g}\gamma = \left(0.02 \times \frac{7}{0.65} + 1\right) \times \frac{5^2}{2 \times 9.81} \times 12.65 = 19.59\ Pa$$

管段 B 和管段 A：流量 $Q_A = Q_B = Q_C + Q_0 + q_1 = 1.66 + 0.83 = 2.49\ m^3/s$

$$v_A = v_B = \frac{4 \times 2.49}{3.14 \times 0.7^2} = 6.47\ m/s$$

$$p_{w(B)} = \left(\lambda\frac{L_B}{d_B} + \Sigma\xi_B\right)\frac{v_B^2}{2g}\gamma = \left(0.02 \times \frac{5}{0.7} + 0.5\right) \times \frac{6.47^2}{2 \times 9.81} \times 12.65 = 17.35Pa$$

$$v_A = v_B = \frac{4 \times 2.49}{3.14 \times 0.7^2} = 6.47m/s$$

$$p_{w(A)} = \left(\lambda\frac{L_A}{d_A} + \Sigma\xi_A\right)\frac{v_A^2}{2g}\gamma = \left(0.02 \times \frac{1.4}{0.7} + 0.5\right) \times \frac{6.47^2}{2 \times 9.81} \times 12.65 = 14.57Pa$$

因此风机提供的总压头

$$P = \frac{v_0^2}{2g}\gamma + p_{w(A)} + p_{w(B)} + p_{w(C)} + p_{w(D)}$$

$$= \frac{4.38^2}{2 \times 9.81} \times 12.65 + 14.57 + 17.35 + 19.59 + 22.26 = 86.14Pa$$

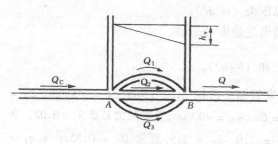

图 4-12　并联管路

三、并联管路的特点

并联管路是由两条或两条以上的管道在同一处分出，又在另一处汇集而成的。如图 4-12 就是三条管道组成的并联管路。

1. 并联管路的特点

(1) 在并联节点 A 或并联节点 B 上，根据恒定流连续性方程，流入节点的体积流量等于流出的体积流量。设总管段的流量为 Q，各支管段的流量为 Q_i，并联管路的总流量等于各并联管路的流量之和。则

$$Q = Q_{1A} + Q_{2B} + Q_{3C} \tag{4-30}$$

(2) 并联管路 AB 之间由于有共同的起点和终点，因此各并联管路的水头损失也是相等的。即

$$h_w = h_{w1} = h_{w2} = h_{w3} \tag{4-31}$$

由于　　　　$h_w = SQ^2$，则 $SQ^2 = S_1 Q_1^2 = S_2 Q_2^2 = S_3 Q_3^2$ $\tag{4-32}$

又由于 $Q = \sqrt{\dfrac{h_w}{S}}$，代入式（4-30）则有 $\dfrac{\sqrt{h_w}}{\sqrt{S}} = \dfrac{\sqrt{h_{w1}}}{\sqrt{S_1}} + \dfrac{\sqrt{h_{w2}}}{\sqrt{S_2}} + \dfrac{\sqrt{h_{w3}}}{\sqrt{S_3}}$

又可以写成　　　　$\dfrac{1}{\sqrt{S}} = \dfrac{1}{\sqrt{S_1}} + \dfrac{1}{\sqrt{S_2}} + \dfrac{1}{\sqrt{S_3}}$ $\tag{4-33}$

并联管路总特性阻力数平方根的倒数等于各并联管段特性阻力数平方根的倒数和。另外还可以写成以下关系式

$$\dfrac{Q_1}{Q_2} = \dfrac{\sqrt{S_2}}{\sqrt{S_1}}; \quad \dfrac{Q_2}{Q_3} = \dfrac{\sqrt{S_3}}{\sqrt{S_2}}; \quad \dfrac{Q_3}{Q_1} = \dfrac{\sqrt{S_1}}{\sqrt{S_3}}; \tag{4-34}$$

以上两式即为并联管路流量分配规律，当各分支管路的管段几何尺寸和局部构件确定后，各支管段上的流量是按照节点间各支管管路的阻力损失相等的原则分配的。

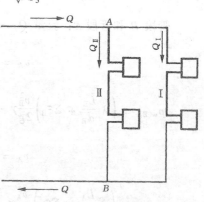

图 4-13　并联管路计算

【例题 4-7】　某热水供暖系统并联管路计算如图 4-13。并联节点 AB 间的管段 Ⅰ 的直径 $d_1 = 15\text{mm}$，长度 $L_1 = 15\text{m}$，局部阻力系数 $\Sigma\xi_1 = 32$；管段 Ⅱ 的直径 $d_2 = 20\text{mm}$，长度 $L_2 = 10\text{m}$，局部阻力系数 $\Sigma\xi_2 = 25$；管路沿程阻力系数 $\lambda = 0.025$，干管总流量 $Q = 0.2\text{L/s}$，求各立管流量 Q_1 和 Q_2。

【解】　管段 Ⅰ 和管段 Ⅱ 并联则有

$$S_1 Q_1^2 = S_2 Q_2^2; \dfrac{Q_1}{Q_2} = \dfrac{\sqrt{S_2}}{\sqrt{S_1}}$$

$$S_1 = \dfrac{\left(\lambda \dfrac{L_1}{d_1} + \Sigma\xi_1\right)}{1.23 d_1^4 \cdot g} = \dfrac{\left(0.025 \dfrac{15}{0.015} + 32\right)}{1.23 \times 0.015^4 \times 9.81} = 0.33 \times 10^7 \text{s}^2/\text{m}^5$$

$$S_2 = \frac{\left(\lambda\frac{L_2}{d_2} + \Sigma\xi_2\right)}{1.23\,d_2^4 \cdot g} = \frac{\left(0.025 \times \frac{10}{0.02} + 25\right)}{1.23 \times 0.02^4 \times 9.81} = 1.94 \times 10^7 \,\mathrm{s}^2/\mathrm{m}^5$$

$$\frac{Q_1}{Q_2} = \frac{\sqrt{S_2}}{\sqrt{S_1}} = \frac{\sqrt{1.94 \times 10^7}}{\sqrt{0.33 \times 10^7}} = 0.46$$

$Q_1 = 0.46\,Q_2$ 则 $Q_总 = Q_1 + Q_2 = 0.46\,Q_2 + Q_2 = 1.46\,Q_2$

$$Q_2 = \frac{1}{1.46}\,Q_总 = \frac{0.2 \times 10^{-3}}{1.46} = 0.14 \times 10^{-3}\,\mathrm{m}^3/\mathrm{s} = 0.14\mathrm{L/s}$$

$$Q_1 = \left(1 - \frac{1}{1.46}\right)Q_总 = 0.32\,Q_总 = 0.32 \times 0.2 \times 10^{-3} = 0.06 \times 10^{-3}\,\mathrm{m}^3/\mathrm{s} = 0.06\mathrm{L/s}$$

2. 并联循环管路

图 4-14 是热水采暖管路系统。经水泵加压的水送入锅炉，被锅炉加热后通过供水干管送至并联节点 3，一部分流量 Q_I，通过管段 3-4-5-6，流到并联节点 6。两分支流量在节点 6 汇合后，被水泵吸入，经加压送入锅炉，如此循环往复。这种管路称为并联循环管路。

在图 4-14 中，取水泵吸入口中心线为基准面，按流向列出水泵吸水口断面的能量方程

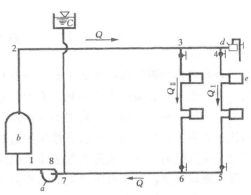

图 4-14　热水采暖管路系统

a—水泵；b—锅炉；c—膨胀水箱；d—集气罐；e—散热器

$$Z_1 + \frac{p_1}{\gamma} + \frac{\alpha_1 v_1^2}{2g} = Z_8 + \frac{p_8}{\gamma} + \frac{\alpha_8 v_8^2}{2g} + h_{w(1-8)}$$

设 $H_1 = Z_1 + \dfrac{p_1}{\gamma} + \dfrac{\alpha_1 v_1^2}{2g}$，即水泵出口断面

的总水头。$H_8 = Z_8 + \dfrac{p_8}{\gamma} + \dfrac{\alpha_8 v_8^2}{2g}$，即水泵入口断面的总水头。则 $H = H_1 - H_8$，H 为水泵出口与水泵入口的总水头之差，也就是水泵的总扬程

$$H = h_{w(1-8)} = h_{w(1-2)} + h_{w(2-3)} + h_{w(3-6)} + h_{w(6-8)}$$

其中立管 I 和立管 II 并联，$h_{w(3-6)} = h_{w(3-4-5-6)}$

所以
$$H = \sum_{n}^{i=1} h_{w(i)} \tag{4-35}$$

该式表明，在并联循环管路系统中，水泵的扬程是用来克服流体在管路中流动时产生的全部水头损失。

【例题 4-8】　接例 4-7，管段 $L_{(1-2-3)} = 30\mathrm{m}$，$d_{(1-2-3)} = 25\mathrm{mm}$；$L_{(6-7-8)} = 20\mathrm{m}$，$d_{(6-7-8)} = 25\mathrm{mm}$；局部阻力系数 $\Sigma\xi_{(1-2-3)} = 22$，$\Sigma\xi_{(6-7-8)} = 15$。求水泵的扬程。

【解】　水泵的扬程 $H = \sum_{n}^{i=1} h_{w(i)} = h_{w(1-2-3)} + h_{w(3-6)} + h_{w(6-7-8)}$

$$Q_2 = 0.14 \times 10^{-3}\,\mathrm{m}^3/\mathrm{s}$$

$$v_2 = \frac{4Q_2}{\pi d_2^2} = \frac{4 \times 0.14 \times 10^{-3}}{3.14 \times 0.02^2} = 0.45\mathrm{m/s}$$

$$v_{(1-2-3)} = v_{(6-7-8)} = \frac{4 \times 0.2 \times 10^{-3}}{3.14 \times 0.0025^2} = 0.4\text{m/s}$$

$$h_{w(1-2-3)} = \left(\lambda \frac{L_{(1-2-3)}}{d} + \Sigma\xi_{(1-2-3)}\right)\frac{v^2}{2g} = \left(0.025 \times \frac{30}{0.025} + 22\right) \times \frac{0.4^2}{2 \times 9.81} = 0.42\text{mH}_2\text{O}$$

$$h_{w(3-6)} = \left(\lambda \frac{L_{(3-6)}}{d} + \Sigma\xi_{(3-6)}\right)\frac{v^2}{2g} = \left(0.025 \times \frac{10}{0.02} + 25\right) \times \frac{0.45^2}{2 \times 9.81} = 0.39\text{mH}_2\text{O}$$

$$h_{w(6-7-8)} = \left(\lambda \frac{L_{(6-7-8)}}{d} + \Sigma\xi_{(6-7-8)}\right)\frac{v^2}{2g} = \left(0.025 \times \frac{20}{0.025} + 15\right) \times \frac{0.4^2}{2 \times 9.81} = 0.29\text{mH}_2\text{O}$$

循环水泵的扬程 $h = h_{w(1-2-3)} + h_{w(3-6)} + h_{w(6-7-8)} = 0.42 + 0.39 + 0.29 = 1.10\text{mH}_2\text{O}$ $= 10791\text{Pa}$。

第五节　压力管路中的水击现象

在海边你能看见海岸边的岩石千疮百孔，而水底的石头表面却非常光滑，都受海水冲刷，为什么这些石头的表面差别那么大？这就是水击现象。

在实际工程中当压力管路中的液体因外界的某种原因如阀门的突然关闭，阀门前的液体流速为零，但后面的液体因惯性作用会继续往前流动，引起管路中的液体流速的大小和方向发生急剧的变化，从而引起液体压强的骤然变化，使液体中出现压强交替升降现象，这种现象就叫水击。水击所产生的增压波和减压波交替进行，对管壁或阀门的作用如锤击一样，故又称水锤。水击所产生的压强增加可能达到原来管中正常压强的几十倍甚至几百倍，而且增压波和减压波交替频率很高，其危害很大，往往造成阀门损坏，管道接头断开，甚至管道爆裂重大事故。

一、水击的发生及水击波的传播

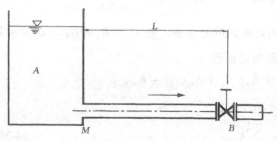

图 4-15 某简单管路

图 4-15 为一简单管路，水流由水位保持不变的水池 A 中流入管路，管长为 L，管径为 d，管路末端设一阀门。阀门关闭前管中流速为 v_0，压强为 p_0。发生水击时，水击压强的数值很大，管中的流速水头和水头损失远小于压强水头，故水击中可忽略流速水头和水头损失。

下面分析管路中的水击现象。

第一阶段，若阀门突然关闭，则紧靠阀门处的一层液体被迫停止流动，流速由 v_0 骤变为零。由于水流的惯性作用，管中水流仍以速度 v_0 向阀门方向流动，于是紧靠阀门的微小流段受压压强升高，这时水的压强升高值为 Δp。在紧靠阀门的第一层液体停下来以后，紧邻着的第二层液体又停下来，受到压缩，压强升高。这样继续下去，第三层，第四层……依次停下来，于是在管道中就形成一个自阀门向上游水池方向传播的减速升压运动，并以压力波的形式传递，该压力波称为水击波。

设水击波的传播速度为 c，在阀门关闭后的时间 $t = \dfrac{L}{c}$（L 为管长）时，水击波会传

播到水管入口 M 处，这时整个管路中的流体都停止了流动，压力会升高了 Δp，液体处于被压缩状态。如图 4-16（a）。

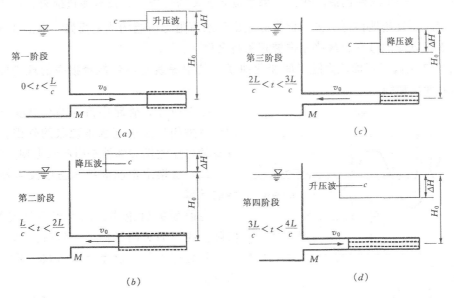

图 4-16　水击波现象分析（$H = \dfrac{p_0}{\gamma}$；$\Delta H = \dfrac{\Delta p}{\gamma}$）

第二阶段，当 $t = \dfrac{L}{c}$ 时，管内压力 $p_0 + \Delta p$ 大于水池内管口处的压强 p_0，在压力差 Δp 的作用下，管中的水又会由静止开始运动。由于压力差 Δp 正好为第一阶段的压力增值 Δp，所以水体会产生自阀门向水池方向的流速 $- v_0$。

在时段 $\dfrac{L}{c} < t < \dfrac{2L}{c}$ 内，管中水倒流，动能增加，压强减小，这样，水击波又会一层一层地依次传播下去，一直传播到阀门处，波速仍为 c，在 $t = \dfrac{2L}{c}$ 时，水击波到达阀门处，管中全部水体的压强都恢复为 p_0，但具有反向流速 $- v_0$。如图 4-16（b）。

第三阶段，当 $t = \dfrac{2L}{c}$ 的瞬间，阀门处水体的压力为 p_0，速度为 $- v_0$。因为惯性作用，水又会向水池倒流，致使紧靠阀门处水体的压力降低为 $p_0 - \Delta p$，该处流速由 $- v_0$ 变为零。在时段 $\dfrac{2L}{c} < t < \dfrac{3L}{c}$ 内，压力降低同样以波速 c 自阀门向水池方向传播。在 $t = \dfrac{3L}{c}$ 的瞬间，水击波到达水管入口，这时，整个管路内压力都为 $p_0 - \Delta p$，液体处于膨胀静止状态。如图 4-16（c）。

第四阶段，当 $t = \dfrac{3L}{c}$ 的瞬间，管中水体处于静止状态，但该状态却是不稳定的。此时管中压强为 $p_0 - \Delta p$ 低于水池入口处的静水压力 p_0，由于 $- \Delta p$ 的存在管中水体又会以速度 v_0，自水池流向阀门。在时段 $\dfrac{3L}{c} < t < \dfrac{4L}{c}$ 内，水击波同样以速度 c，自水池向阀门传递，在 $t = \dfrac{4L}{c}$ 时，水击波到达阀门。这时管中水体压强恢复到 p_0，水体恢复到 $t = 0$ 时的状态。如图 4-16（d）。

经过上述四个阶段，水击波传播完成一个周期。在一个周期内，水击波由阀门至进口，再由进口至阀门，共往返两次。往返一次所需时间称为相或相长，用"T"表示。

即 $T = \dfrac{2L}{c}$。一个周期包括两相。如果水击波在传播过程中，没有能量损失，水击波将按这个周期周而复始地传播下去。但实际上由于水流阻力引起的能量损失，水击波的传播将是一个逐级衰减的过程，最终水击波现象将会停止。

图 4-17 是阀门断面压力随时间变化曲线。其中虚线是不计能量损失的理论曲线，实线是实际变化曲线。

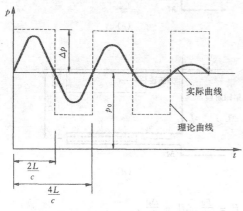

图 4-17　阀门断面压力随时间变化曲线

综合所述，管路中流速的突然变化（如阀门突然关闭）是引起水击现象的外因，而液体本身的可压缩性和惯性是引起水击现象的内因。

二、直接水击和间接水击以及直接水击压强的计算

在前面的讨论中，认为阀门是突然关闭，实际上阀门的关闭是需要一定时间的，关闭的时间不会等于零。设完全关闭阀门所需的时间为 T_s。

1. 当阀门的关闭时间 $T_\mathrm{s} < \dfrac{2L}{c}$ 时，从阀门发出的水击波会从管道入口反射回来变成减压波，减压波到达阀门之前，阀门已完全关闭。这种情况下的水击称为直接水击。以不等式表示管长和时间的关系

$$L > \frac{c \cdot T_\mathrm{s}}{2}$$

直接水击时，阀门处所受的压强增值达到水击所引起最大压强，直接水击压强值 Δp 按下式计算：

$$\Delta p = \rho c (v_0 - v) \tag{4-36}$$

式中　ρ——液体的密度（kg/m³）；

　　　v_0——关阀前的速度（m/s）；

　　　v——关阀后的速度（m/s）（完全关闭时 $v = 0$）；

　　　c——水击波的传递速度（m/s）。

水击波的传递速度 c，考虑到液体的压缩性和管壁的弹性变形，可由下式计算

$$c = \frac{c_0}{\sqrt{1 + \dfrac{E_0}{E}\dfrac{d}{\delta}}} \tag{4-37}$$

式中　c_0——水中声音传递速度，在平均情况下 $c_0 \approx 1425\mathrm{m/s}$；

　　　d——管道的直径（m）；

　　　E_0——液体的弹性系数（kN/m²），对于水 $E_0 = 203.1 \times 10^4$（kN/m²）；

　　　E——管材的弹性系数（kN/m²）；参见表 4-3；

　　　δ——管壁的厚度（m）。

材料	E（kN/m^2）	E_0/E	材料	E（kN/m^2）	E_0/E
钢管 铸铁管	206×10^6 98.1×10^6	0.01 0.02	混凝土管	196.2×10^6	0.01

从上式可以看出，减小水击压力，可考虑选用管径较大，管壁薄而富有弹性的管道。

2．当阀门的关闭时间 $T_s > \dfrac{2L}{c}$ 即 $L < \dfrac{c \cdot T_s}{2}$ 时，阀门开始关闭时发出的水击波，其反射到达阀门时，阀门还没有完全关闭，此时发生的水击称为间接水击。这时候阀门的继续关闭要引起阀门处压强继续升高，而不断反射回来的水击波又会使该处压力降低。这样作用在阀门处总的压强值必然小于直接水击时的压力。

三、防止水击危害的措施

水击的危害是较大，当压力增大时，易将管子涨破；当压力为负压时，则管子易被压扁。防止水击危害的措施有：

1．阀门的启闭时间 T_s，工程上总是使 $T_s > \dfrac{2L}{c}$，以免发生直接水击。并尽可能延长 T_s 以减小间接水击的压强值。

2．管道中流速 v_0，从公式（4-36）可知，减小 v_0，水击压强值 Δp 就可以减小。在工程计算中，管道往往规定了最大允许流速，就是已将防止水击危害的因素考虑在内了。

3．设置调压塔、空气罐、安全阀、水击消除器等安全装置，可以有效地缓冲和消除水击压力。

思　考

1．流体在管路中流动时有哪些能量损失？

2．怎样计算管路中的能量损失？

3．什么是水击现象？

习　题

1．用直径 $d = 100\text{mm}$，输送流量为 4L/s 的水，如水温为 20℃，试确定管内水的流态。如管内通过是同样流量的某种润滑油，其运动黏度 $\nu = 0.44\text{cm}^2/\text{s}$，试判别管内油的流态。

2．有一圆形通风管，管径为 300mm，输送空气温度为 20℃，求气体保持层流时的最大流量。若输送空气量为 200kg/h，气体是层流还是紊流。

3．水流经一个渐扩管，如小断面的直径为 d_1，如大断面的直径为 d_2，而 $\dfrac{d_2}{d_1} = 2$，试问哪个断面的雷诺数大？这两个断面的雷诺数的比值 Re_1/Re_2 是多少？

4．有一段给水管道，直径为 $d = 200\text{mm}$，流量 $Q = 30\text{L/s}$，沿程阻力系数 $\lambda = 0.03$，管道全长 $L = 75\text{m}$，试求管中水流的沿程水头损失。

5．由薄钢板制作的通风管道，直径 $d = 400\text{mm}$，流量 $Q = 700\text{m}^3/\text{h}$，长度 $L = 20\text{m}$，沿

程阻力系数 $\lambda = 0.0219$，空气的密度 $\rho = 1.2\text{kg/m}^3$，试求风道的沿程压头损失。又问当其他条件相同时，将上述风管改为矩形风道，断面尺寸为：高 $h = 300\text{mm}$，宽 $B = 500\text{mm}$。其沿程压头损失为多少？

6. 有一圆管，在管内通过 $\nu = 0.013\text{cm}^2/\text{s}$ 的水，测得通过的流量为 $35\text{cm}^3/\text{s}$，在管长 15m 的管段上测得水头损失为 2cm，试求该圆管内径 d。

7. 如图 4-18，油的流量 $Q = 77\text{cm}^3/\text{s}$，流过直径 $d = 6\text{mm}$ 的细管，在 $L = 2\text{m}$ 长的管段两端水银压差计读数 $h = 30\text{cm}$，如图所示。油的密度 $\rho = 900\text{kg/m}^3$，求油的 μ 和 ν 值（提示：先按层流计算，然后校核）。

8. 若输水管道的直径 $d = 200\text{mm}$，管壁绝对粗糙度 $K = 1\text{mm}$，水温 $t = 5℃$，流量 $Q = 300\text{L/s}$,试判别水流属于哪一流动区域？并计算沿程阻力系数 λ 值。

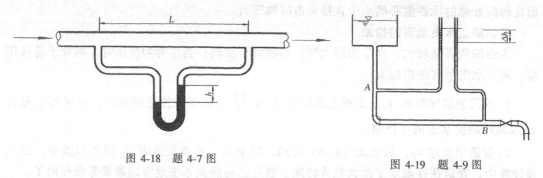

图 4-18 题 4-7 图 　　　　　　　　　　　　　　　图 4-19 题 4-9 图

9. 为测定 90°弯头的局部阻力系数 ξ，可采用如图 4-19 所示的装置。已知 AB 段管长 $L = 10\text{m}$，管径 $d = 50\text{mm}$，$\lambda = 0.03$。实测数据为（1）A、B 两断面测压管水头差 $\Delta h = 0.629\text{m}$；（2）经两分钟流入水箱的水量为 0.329m^3。求弯头的局部阻力系数 ξ。

10. 如图 4-10 所示，水箱 A 中的水通过管路注入敞口水箱 B 中，已知水箱 A 内液面上气体的相对压强 $p_0 = 1.96\text{Pa}$，$H_1 = 10\text{m}$，$H_2 = 2\text{m}$，管径 $d_1 = 100\text{mm}$，$d_2 = 200\text{mm}$，阀门全开，转弯处采用 90°煨弯，若不计沿程水头损失，试求管内水的流量。

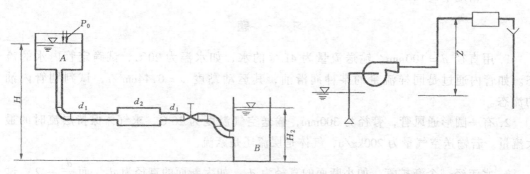

图 4-20 题 4-10 图 　　　　　　　　　　　　　　图 4-21 题 4-11 图

11. 如图 4-21 所示，一台水泵从水池中吸水向用水设备供水。用水设备到水池水面的高差为 $z = 30\text{m}$，管道直径 $d = 150\text{mm}$，管长 $L = 50\text{m}$，沿程阻力系数 $\lambda = 0.025$，局部阻力系数 $\Sigma\xi = 42$，若管中流量 $Q = 100\text{L/s}$，试求管路的特性阻力数 S 及水泵应提供的总水头 H。

12. 某通风管道系统风道尺寸为 500mm × 600mm，空气的总压头损失（不包括风机本身）为 491.3N/m²，当管路中风量 $Q = 3.2m^3/s$。试求风机的总压头 P。

13. 如图 4-22 所示，水泵从水池中取水向水塔供水，水塔水面标高为 120m，水池水面标高为 30m，管道直径 $d = 100mm$，管长 $L = 150m$，局部阻力系数为 $\xi_{底阀} = 0.5 \times 2 = 1$，$\xi_{弯头} = 1$，$\xi_{阀门} = 0.5 \times 2 = 1$，沿程阻力系数 $\lambda = 0.02$，若水泵的扬程 $H = 30m$，试确定水泵的流量。

14. 如图 4-23 所示，水平串联管道从 A 池向 B 池输水，两池水位分别为 $H_1 = 8m$，$H_2 = 2m$，管长 $L_1 = 30m$，$L_2 = 20m$，$L_3 = 10m$，管径 $d_1 = 100mm$，$d_2 = 200mm$，$d_3 = 150mm$，沿程阻力系数 $\lambda_1 = 0.016$，$\lambda_2 = 0.014$，$\lambda_3 = 0.02$，若不计局部损失，试求输水流量。

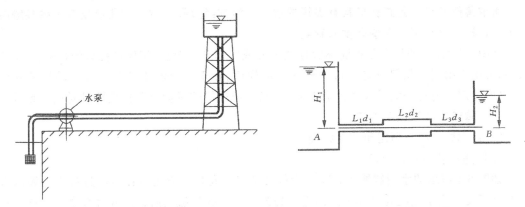

图 4-22　题 4-13 图　　　　　　　　　　图 4-23　题 4-14 图

15. 如图 4-24 所示，水泵从 A 池向 B 池输水，两池水面高差 $z = 10m$，水泵吸水管 $L_1 = 20m$，管径 $d_1 = 400mm$，局部阻力系数 $\xi_{进口} = 0.5$，压水管 $L_2 = 100m$，管径 $d_2 = 300mm$，$\xi_{弯头} = 0.5 \times 2$，$\xi_{出口} = 1.0$，管内沿程阻力系数 $\lambda = 0.02$，试求通过水泵的流量 。

16. 某采暖系统如图 4-25 所示，立管 I 的直径 $d_I = 20mm$，长度 $L_I = 20m$，局部阻力系数 $\Sigma\xi_I = 15$，立管 II 的直径 $d_{II} = 15mm$，长度 $L_{II} = 10m$，局部阻力系数 $\Sigma\xi_{II} = 10$，沿程阻力系数 $\lambda = 0.025$，试求各立管的流量分配比。

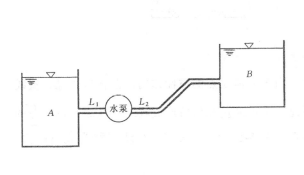

图 4-24　题 4-15 图

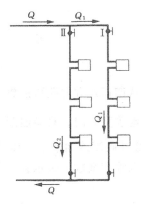

图 4-25　题 4-16 图

第五章　孔口、管嘴出流与气体射流

第一节　薄壁孔口出流

为什么水龙头可以调节出水量的大小？

所谓薄壁孔口，是指孔口具有尖锐的边缘，流体经过孔口时，与孔壁仅有一线接触的情况。这样，流动不受孔壁厚度的影响。

如图 5-1 所示，如果在贮存流体容器的侧面或底部开一个孔，流体经孔口流出的流动现象，称为孔口出流。我们研究孔口出流的运动规律，在于确定流体经孔口流出的流速和流量，以便知道风速是否满足人体舒适的要求，确定通风机的风量及多孔板送风时孔口数量。

一、薄壁小孔口恒定出流

（一）薄壁小孔口恒定出流的种类

1. 薄壁小孔口自由出流

如图 5-1 所示的水箱侧壁上，有一个圆形薄壁小孔口。设孔口在出流过程中，箱内水位保持不变，则水流经孔口作恒定出流。另外，水从孔口流出后，进入大气之中，称为自由出流。冷却塔的布水器出水等都属于自由出流。

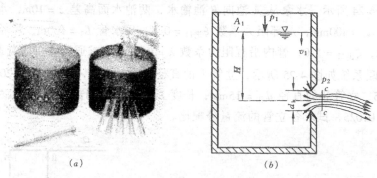

图 5-1　薄壁小孔口自由出流

当水从四面八方向孔口汇集并流出时，由于流体质点的惯性作用，在孔口边缘，流线不能折角地改变方向，只能逐渐弯曲。因此，水流经过孔口后形成收缩，在距孔口约 $\frac{d}{2}$ 的断面 C—C 处收缩达到最小，流线趋于平直。图 5-1（b）中的 C—C 断面称为收缩断面，收缩程度以收缩系数 ε 表示，

即

$$\varepsilon = \frac{A_C}{A}$$

式中　　A_C——收缩断面面积；

　　　　A——孔口的面积。

2. 薄壁小孔口淹没出流

如图 5-2 所示，水由水箱左侧经孔口流入右侧水中的情况，属于孔口液体淹没出流。同孔口自由出流一样，由于惯性作用的影响，流线形成收缩。在收缩断面之后，还有一个扩散段。

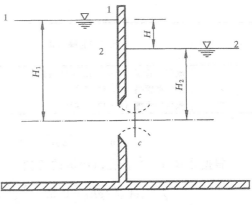

图 5-2　薄壁小孔口淹没出流

（二）薄壁小孔口恒定出流的流速和流量计算

根据伯努利方程推导出的流速计算公式为

$$v_c = \varphi \sqrt{2gH_0} \qquad (5\text{-}1)$$

孔口出流的流量计算公式为

$$Q = \mu A \sqrt{2gH_0} \qquad (5\text{-}2)$$

式中　v_c——孔口出流收缩断面上的流速（m/s）；

A——孔口的面积；

φ——孔口的流速系数；可从表 5-1 中查取。

μ——孔口的流量系数；可从表 5-1 中查取。

H_0——孔口的作用水头（m）。

从式（5-2）可知，改变孔口面积的大小可以调节孔口出流的流量，因此，薄壁小孔口具有节流作用，水龙头就是根据这个原理来调节出水量大小的。

一般情况下，薄壁小孔的流量系数 μ 与温度无关，不受流体黏滞系数的影响，孔口前后压力差变化时，出流流量较稳定。故工程上常常按薄壁小孔制成各种调节阀。如图 5-1（b）所示薄壁小孔口自由出流，$H_0 = H + \dfrac{p_1 - p_2}{\gamma} + \dfrac{v_1^2}{2g}$，$v_1$ 为水箱水面流速。若容器横断面积 $A_1 > A \left(\text{或 } H > \dfrac{v_1^2}{2g} \right)$，又 $p_1 = p_2 = p_a$，则

$$Q = \mu A \sqrt{2gH} \qquad (5\text{-}3)$$

如图 5-2 所示薄壁小孔口淹没出流，$H_0 = \left(H_1 + \dfrac{p_1}{\gamma} + \dfrac{v_1^2}{2g} \right) - \left(H_2 + \dfrac{p_2}{\gamma} + \dfrac{v_2^2}{2g} \right)$，$v_1$、$v_2$ 为水箱水面流速。若 $p_1 = p_2 = p_a$，则

$$H_0 = H + \dfrac{v_1^2}{2g} - \dfrac{v_2^2}{2g} \qquad (5\text{-}4)$$

【例题 5-1】　水从水箱的圆形薄壁小孔口流出，已知孔口直径 $d = 100\text{mm}$，作用水头 $H_0 = 5\text{m}$，试求水从孔口流出的流速和流量。

【解】　根据（5-1）式，孔口出流的流速

孔口与管嘴的特性系数　　　　　　　　　　　　　　表 5-1

序　号	孔口与管嘴形式	系　　　数			
		ξ	s	φ	μ
1	圆形薄壁孔口 $\left(d \leqslant \dfrac{H}{10} \right)$	0.06	0.64	0.97	0.62
2	圆柱形外管嘴（$L = (3 \sim 4) d$）	0.50	1.00	0.82	0.82

序　号	孔口与管嘴形式	系　数			
		ξ	s	φ	μ
3	流线型管嘴（$R = (0.5 \sim 2)\, d$）	0.04	1.00	0.98	0.98
4	扩大型管嘴（$\theta = 5° \sim 7°$）	3.00	1.00	0.50	0.50
5	收缩型管嘴（$\theta = 12° \sim 14°$）	0.09	0.98	0.96	0.94

$$v = \varphi \sqrt{2gH_0} = 0.97 \sqrt{2 \times 9.81 \times 5} = 9.61\,\mathrm{m/s}$$

根据公式（5-2），孔口出流的流量

$$Q = \mu A \sqrt{2gH_0} = 0.62 \times \frac{3.14}{4} \times (0.1)^2 \sqrt{2 \times 9.81 \times 5}$$

$$= 0.048\,\mathrm{m^3/s}$$

对于孔口气体淹没出流，由于气体的重力密度较轻，因而可以忽略孔口前后总水头差中的位置水头项 $H_1 = 0$，$H_2 = 0$，并且由于孔口前后的过流面积较大，流速较小，流速水头也可以忽略不计 $v_1 \approx 0$，$v_2 \approx 0$。因此，孔口气体淹没出流的作用水头，仅为孔口前后两断面的压力水头之差。$H_0 = \dfrac{p_1}{\gamma} - \dfrac{p_2}{\gamma} = \Delta h$

于是，孔口气体淹没出流的流速与流量公式可以写为

$$v_c = \varphi \sqrt{2g \frac{\Delta p}{\gamma}} = \varphi \sqrt{\frac{2}{\rho} \Delta p} \tag{5-5}$$

$$Q = \mu A \sqrt{2g \frac{\Delta p}{\gamma}} = \mu A \sqrt{\frac{2}{\rho} \Delta p} \tag{5-6}$$

式中　Δp——孔口前后气体的压力差（Pa）；

　　　γ——气体的重力密度（N/m³）；

　　　ρ——气体的密度（kg/m³）。

其他符号的意义同（5-1）与（5-2）式。

【例题 5-2】　某空调房间采用多孔板向室内送风，如图 5-3 所示。已知房间顶部的夹层内，用风机输送的新鲜空气，保持相对压力 $p = 3\mathrm{Pa}$，房间内空气的压力为当地大气压。空气的温度 $t = 20℃$，密度 $\rho = 1.21\mathrm{kg/m^3}$，若孔口直径 $d = 5\mathrm{mm}$，流量系数 $\mu = 0.6$，试求每个孔口的出流流量和流速。

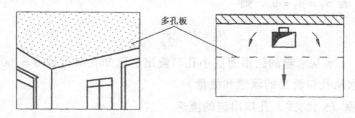

图 5-3　孔板送口

【解】　空气经多孔板出流，属于孔口气体淹没出流，其流量可按公式（5-6）进行计算。已知孔板前后空气的压力差

$$\Delta p = p - p_a = 3 - 0 = 3\mathrm{N/m^2}$$

所以每个孔口的出流流量（体积流量）

$$Q = \mu A \sqrt{\frac{2}{\rho} \Delta p} = 0.6 \times \frac{3.14}{4} \times (0.005)^2 \sqrt{\frac{2}{1.21} \times 3}$$

$$= 2.62 \times 10^{-5} \mathrm{m^3/s} = 0.0944 \mathrm{m^3/h}$$

每个孔口的出流流速

$$v_c = \frac{Q}{A} = \frac{2.62 \times 10^{-5}}{\frac{3.14}{4} \times 0.005^2} = 1.335 \mathrm{m/s}$$

二、孔口变水头出流

如果图 5-1 所示的箱内水位因出流而下降，这时，其出流的流速、流量、有效水头都随时间改变，称为孔口变水头出流，属于非恒定流。

建筑设备工程中水池的注水和放空，水库的放空，船闸闸室的充水及放水等均属变水头出流之例。一般来说，公式（5-1）与（5-2）仍然适用。变水头出流的计算主要是计算泄空和充满所需的时间，或根据出流时间反求泄流量和液面高程变化情况。

若柱形容器（如水池）的横截面积为 A'，则水头（水位）由 H_1 降至 H_2 所需的时间

$$t = \frac{2A'}{\mu A \sqrt{2g}} (\sqrt{H_1} - \sqrt{H_2}) \tag{5-7}$$

若 $H_2 = 0$，即容器放空，所用的时间为

$$t = \frac{2A' \sqrt{H_1}}{\mu A \sqrt{2g}} = \frac{2A'H_1}{\mu A \sqrt{2gH_1}} = \frac{2V}{Q_{max}} \tag{5-8}$$

式中　　A——孔口的面积；

　　　　V——容器放空体积；

　　Q_{max}——开始出流的最大流量，$Q_{max} = \mu A \sqrt{2gH_1}$。

式（5-8）表明，变水头出流时，容器的放空时间等于在起始水头 H_1 的作用下，流出同样体积水所需时间的二倍。

三、孔口出流的应用

1. 孔板流量计

孔板流量计是根据孔口出流原理设计制造的，主要用于测量液体的流量。如图 5-4 所示，在管道的法兰之间，安装了一块中间具有尖锐边缘圆孔（即圆形薄壁小孔口）的金属平板，若在孔板两侧连接测压管，根据两测压管内的液面高度差，就能计算出通过孔板的流量。

2. 自然通风量计算

炎热的夏季，居室内特别需要自然通风以降低室内温度。在湿热地区，良好的自然通风，可以使空气干燥，从而降低相对湿度，加快室内的空气凉爽新鲜。这样不仅降低了人们患"空调病"的几率，还有利于节约电能保护环境。因为目前最先进的中央空调也无法解决因新鲜空气与呼出废气相混合而导致的二氧化碳浓度偏高问题。所以，《采暖通风与空气调节设计规范》对自然通风提出了要求。

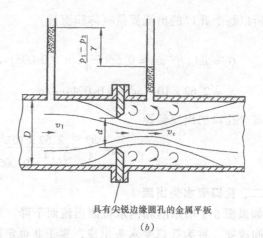

(a)

具有尖锐边缘圆孔的金属平板

(b)

图 5-4　孔板流量计

（a）孔板流量计；（b）具有尖锐边缘圆孔的金属平板

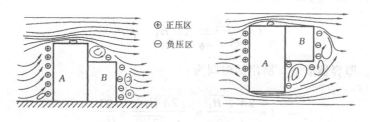

⊕ 正压区
⊖ 负压区

图 5-5　风吹向建筑物时的气流现象

厂房的自然通风除了热压作用下的自然通风外，还有风压作用下的自然通风。图 5-5 表示风吹向建筑物时的气流现象。在正压区处设置进风口，而在负压区处设置排风口，使

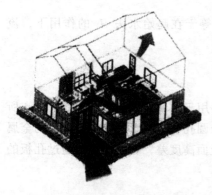

图 5-6　风压作用下的自然通风

风由进风口进入室内，而室内的热空气或有害气体由排风口排出室外，使室内外空气进行交换的现象称为风压作用下的自然通风（图 5-6）。

由于室外风向、风压很不稳定，实际工程中通常不考虑风压，仅按热压作用设计自然通风。所以，《采暖通风与空气调节设计规范》规定"放散热量的工业建筑，其自然通风应根据热压作用按本规范附录进行计算。当自然通风不能满足人员活动区的温度要求时，宜辅以机械通风"。当空气流经房子的进风窗孔和排风窗孔时，其出流规律可按薄壁小孔口气体淹没出流考虑。

思　考

1. 薄壁小孔口恒定出流的流速和流量计算有什么意义？
2. 什么是风压作用下的自然通风？
3. 如图 5-7 所示，若水池中倾斜平板上各孔口的面积相等，问每个孔口的过流流量

是否相同?

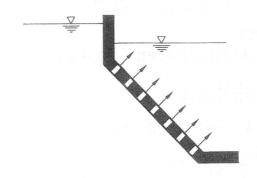

图 5-7　思考题 3 图

第二节　管　嘴　出　流

为什么容器用薄壁小孔口放水的流量不如加短管放水的流量大?

一、管嘴的种类

流体经管嘴流出的水力现象,称为管嘴出流。管嘴出流的种类如图 5-8 所示,工程上常用的管嘴有:

(1) 圆柱形外管嘴 (图 5-8 (a)、(b)) 长度约为短管直径的 3~4 倍。

(2) 收缩型管嘴 (图 5-8 (c)) 它适用于加大喷射流速的场合。如水力喷砂管及消防水枪等。

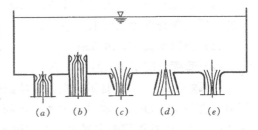

图 5-8　管嘴出流的种类

(3) 扩大型管嘴 (图 5-8 (d)) 它适用于把动能转化为压能,加大流量的场合,如引射器扩压管,扩散形送风口等。

(4) 流线型管嘴 (图 5-8 (e)) 它适用于需要流量大而水头损失小的场合。

二、管嘴出流的流速和流量计算

现以圆柱形外管嘴出流为例,如图 5-9 所示。当流体从四面八方汇集并流入管嘴以后,由于惯性作用的影响,同样会形成收缩。在收缩断面的周围,流体与管壁相脱离,并伴有旋涡产生,而旋涡区内的流体处于真空状态。收缩断面之后,流体逐渐扩大到整个管嘴,成为满管出流。

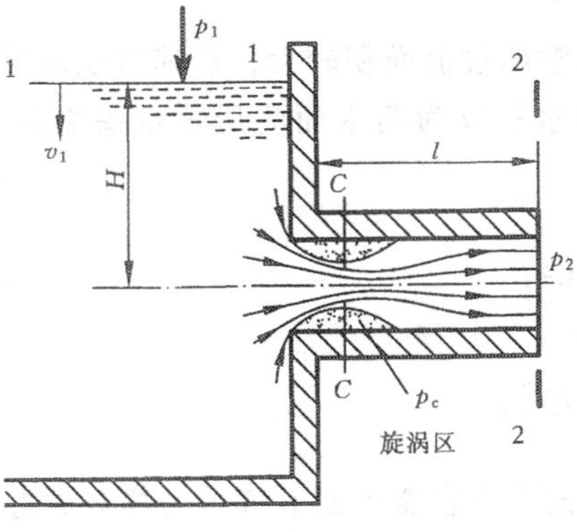

以通过管嘴中心的水平面为基准,取水箱水面为 1—1 和管嘴出口断面为 2—2,根据伯努利方程推导出管嘴出流的流速计算公式为

$$v = \varphi \sqrt{2gH_0} \qquad (5-9)$$

通过管嘴的流量

$$Q = \mu A \sqrt{2gH_0} \qquad (5-10)$$

图 5-9　管嘴出流

H_0——管嘴的作用水头（m），$H_0 = H + \dfrac{p_1}{\gamma} - \dfrac{p_2}{\gamma} + \dfrac{v_1^2}{2g}$

φ、μ 值可从表 5-1 中查取。

圆柱形外管嘴与薄壁小孔口出流的流速和流量比较：

1. $\dfrac{v_嘴}{v_孔} = \dfrac{\varphi_嘴 \sqrt{2gH_0}}{\varphi_孔 \sqrt{2gH_0}} = \dfrac{0.82}{0.97} = 0.85$

管嘴出流的流速比孔口出流的流速减小 15%。

2. $\dfrac{Q_嘴}{Q_孔} = \dfrac{\mu_嘴 A \sqrt{2gH_0}}{\mu_孔 A \sqrt{2gH_0}} = \dfrac{0.82}{0.62} = 1.32$

孔口外加了管嘴，增加了阻力，流速也比较小，但流量并未减少，反而比原来提高了 32%，这是因为孔口自由出流收缩断面在大气中，而管嘴出流收缩断面为真空区，真空度达作用水头的 0.75 倍$\left(即 \dfrac{p_a - p_c}{\gamma} = 0.75 H_0\right)$，真空对液体起到抽吸的作用，相当于把孔口的作用水头增大 75%。因此，管嘴出流在工程上应用较广。

为了防止真空度过大造成液体内部放出大量的气泡（这种现象称为空化），引起气蚀。因此，圆柱形外管嘴正常工作条件是：

（1）作用水头 $H_0 \leqslant 9.5\mathrm{m}$；

（2）管嘴长度 $L = (3 \sim 4)\, d$。

【例题 5-3】 水从封闭的立式容器经管嘴流入开口水池之中，如图 5-10 所示，已知管嘴的直径 $d = 80\mathrm{mm}$，容器与水池中水面的高度差 $h = 3.0\mathrm{m}$。当要求管嘴出流的流量 $Q = 50\mathrm{L/s}$ 时，试求作用于容器水面上气体的相对压力 p_0 为多少？

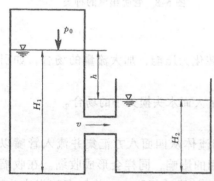

图 5-10 管嘴淹没出流

【解】 根据公式（5-10），作用水头按下式计算（其中流量系数 $\mu = 0.82$）

$$H_0 = \frac{Q^2}{\mu^2 A^2 \times 2g} = \frac{Q^2}{\mu^2 \left(\dfrac{1}{4} \pi d^2\right)^2 \times 2g}$$

$$= \frac{(0.05)^2}{(0.82)^2 \left[\dfrac{3.14}{4} \times (0.08)^2\right]^2 \times 2 \times 9.81}$$

$$= 7.51\mathrm{mH_2O}$$

由于容器和水池的过流面积较大，流速水头均接近于零，所以作用水头仅为两水面测压管水头之差，即

$$H_0 = \left(H_1 + \frac{p_0}{\gamma}\right) - \left(H_2 + \frac{p_2}{\gamma}\right)$$

则

$$p_0 = \left[H_0 - (H_1 - H_2) + \frac{p_2}{\gamma}\right]\gamma$$

已知 $H_1 - H_2 = 3\mathrm{m}$，$p_2 = 0$，$\gamma = 9810\mathrm{N/m^3}$，代入上式可得容器水面上气体的相对压力

$$p_0 = (7.51 - 3) \times 9810 = 44240\mathrm{Pa} = 44.24\mathrm{kPa}$$

【例题 5-4】 已知某冷却塔喷水管的圆柱形管嘴直径 $d = 20mm$，长度 $L = 3d$，冷却水量 $Q = 600m^3/h$，管嘴的作用水头 $H_0 = 6m$，试求单个管嘴的喷水量及总共需要的管嘴个数。

【解】 根据公式（5-10），并取流量系数 $\mu = 0.82$，则单个管嘴的喷水量

$$Q_0 = \mu A \sqrt{2gH_0} = \mu \frac{\pi}{4} d^2 \sqrt{2gH_0} = 0.82 \times \frac{3.14}{4} \times (0.02)^2 \sqrt{2 \times 9.81 \times 6.0}$$

$$= 0.00279 m^3/s = 2.79 L/s$$

所需的管嘴个数

$$n = \frac{Q}{Q_0} = \frac{600}{3600 \times 0.00279} = 60 \text{ 个}$$

三、虹吸管的计算

虹吸管有着极其广泛的应用。如为减少挖方而跨越高地铺设的管道，给水建筑中的虹吸泄水管（图 5-11a），泄出油车中的石油产品的管道及在农田水利工程中都有普遍的应用。

凡部分管道轴线高于上一个容器自由水面的管道都叫做虹吸管（图 5-11（b））。最简单的虹吸管为一倒 V 形弯管连接上、下两个容器液体，由于其部分管道高于上一个容器液面，必然存在真空管段。为使管子具有虹吸作用，必须由管中预排出空气，在管中初步造成负压，在负压的作用下，液体自高液位处进入管道自低液位处排出。

由此可见，虹吸管乃是一种在负压（真空）下工作的管道，负压的存在使溶解于液体中的空气分离出来，随着负压的加大，分离出的空气会急剧增加，这样，在管顶会集结大量的气体挤压有效的过水断面，阻碍水流的运动，严重的会造成断流。为保证虹吸管能通过设计流量，工程上一般限制管中最大允许的真空度为 $[h_v] = 7 \sim 8m$。

虹吸管的水力计算可直接按公式（5-10）计算。如图 5-11 所示，其流量系数

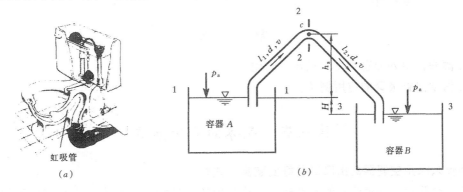

图 5-11 虹吸管

$$\mu = \frac{1}{\sqrt{\lambda \dfrac{l}{d} + \Sigma \xi}} = \frac{1}{\sqrt{\lambda \dfrac{l_1 + l_2}{d} + \xi_{en} + 3\xi_b + \xi_{ex}}}$$

式中　ξ_{en}——进口的局部阻力系数；

ξ_b——转弯的局部阻力系数；

ξ_{ex}——出口的局部阻力系数，$\xi_{ex} = 1.0$。

虹吸管内的最大真空度确定如下

$$\frac{p_a - p_c}{\gamma} = \left(1 + \xi_{en} + 2\xi_b + \lambda \frac{l_1}{d}\right)\frac{v^2}{2g} + h_s$$

令 $\frac{p_{vc}}{\gamma} = \frac{p_a - p_c}{\gamma}$，$\frac{p_{v,c}}{\gamma}$ 为管中 c 点的真空高度。$\frac{p_{v,c}}{\gamma}$ 应小于或等于管中的最大允许真空高度 $[h_v]$。

【例题 5-5】 如图 5-11 所示的虹吸管，上、下容器自由水面水位差 $H = 2m$，管长 $l_1 = 15m$，$l_2 = 18m$，管径 $d = 200mm$，进口的阻力系数 $\xi_{en} = 1.0$，转弯的阻力系数 $\xi_b = 0.2$，沿程阻力系数 $\lambda = 0.025$，管顶 c 总的允许真空度 $[h_v] = 7m$。求通过的流量 Q 和最大允许安装高度 h_s。

【解】 流量系数

$$\mu = \frac{1}{\sqrt{\lambda \dfrac{l}{d} + \Sigma\xi}} = \frac{1}{\sqrt{1 + \lambda \dfrac{l_1 + l_2}{d} + \xi_{en} + 3\xi_b}}$$

$$= \frac{1}{\sqrt{1 + 0.025 \dfrac{15 + 18}{0.2} + 1.0 + 3 \times 0.2}} = 0.385$$

流量 $\quad Q = \mu A \sqrt{2gH} = 0.385 \times \dfrac{3.14 \times 0.2^2}{4}\sqrt{2 \times 9.81 \times 2} = 0.0757 m^3/s$

最大允许安装高度由式 (5-11) 得

$$h_s = \frac{p_a - p_c}{\gamma} - \left(1 + \xi_{en} + 2\xi_b + \lambda \frac{l_1}{d}\right)\frac{v^2}{2g}$$

$$= 7 - \left(1 + 1 + 2 \times 0.2 + 0.025 \frac{15}{0.2}\right) \times \frac{1}{2 \times 9.81}\left(\frac{4 \times 0.0757}{3.14 \times 0.2^2}\right)^2$$

$$= 5.73m$$

思　　考

1. 薄壁孔口外加管嘴要注意什么问题？

2. 请举出虹吸管的应用例子？

第三节　气体的淹没射流

为什么家用空调器的出风口最好安装高一些？

流体经孔口或管嘴喷出的流动现象，称为射流，其特点是流体与固体壁面不相接触。在水暖和通风工程中，经常碰到的射流可做以下简单分类：

（1）按照流体的性质分，有气体射流和液体射流。

（2）按照射流与周围流体是否同相分，有淹没射流和自由射流。

（3）按照射流的流动形态分，有层流射流和紊流射流。

（4）按照出流空间对射流的影响分，有无限空间射流和有限空间射流。当流体从孔口或管嘴喷出后，如果是喷射到一个断面尺寸足够大的空间内，射流不受固体边壁的影响，在该空间内自由扩散这种射流称为无限空间射流。如果射流受到固体边壁的限制和影响，则为有限空间射流。

在采暖和通风工程中，从送风口喷出的气流，属于气体淹没射流，射流与周围气体的温度相同，密度也相同。而且这种射流一般具有较大的雷诺数。因此，它又是紊流射流。

一、气体紊流的等温射流

如图 5-12 所示为通过实验观察得出的圆断面气体紊流射流的结构简图。射流与周围气体具有相同的温度和密度，射流轴线与喷口流速 v_0 的方向相同，形成一条直线，这种射流称为等温射流。

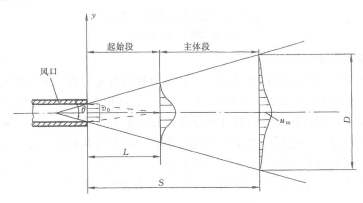

图 5-12　圆断面气体紊流射流的结构简图

在工程实际中，需要通过计算而确定的射流主体段运动参数，以便确定距风口一定距离 S 处的轴心流速 u_m 和流量以及空气淋浴（即岗位送风，图 5-13）设备的风口直径、出口流速及流量。

二、气体紊流的温差与浓差射流

温差射流是指射流本身的温度与周围气体的温度不同的射流。例如夏季为了降低热车间和房子的温度，向工作区域喷射的冷射流，以及冬季为了采暖，向工作区域喷射的热射流，均属于温差射流。

浓差射流是指射流本身的浓度与周围气体的浓度不同的射流。如向灰尘飞扬的车间或产生有害气体的区域喷射洁净空气，用以降低粉尘或有害气体的浓度，这种射流则属于浓差射流。

当射流从喷口喷出后，由于射流本身的温度与周围气体的温度不同，所以密度也不相同，从而导致射流轴线与喷口流速 v_0 的方向不再是一条直线。

对于冷射流，由于射流温度低于周围气体的温度，密度较大，因此射流轴线向下弯曲，如图 5-14（a）所示。对于热射流，由于射流温度高于周围气体的温度，密度较小，因此射流轴线将向上弯曲，如图 5-14（b）所示。图中 y' 为射流轴线上任意一点偏离喷口轴线的垂直距离，称为射流的轴线偏差。对于浓差射流，也同样存在着高浓度射流，轴线向下弯曲，低浓度射流，轴线向上弯曲的现象。

图 5-13　岗位送风

温差与浓差射流的轴线弯曲现象，是区别于等温射流的主要特征之一。

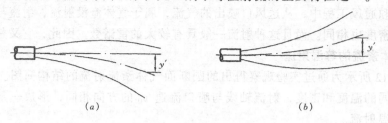

图 5-14　温差射流的轴线弯曲
(a) 冷射流；(b) 热射流

三、有限空间射流

在采暖与通风工程中应用自由射流，一般属于有限空间射流。例如射流（如大型体育馆喷射式送风口的出风）进入房屋以后，受到墙壁，顶棚及地面等围护结构的限制和影响，不能自由扩散，因而射流结构及其运动规律和无限空间射流相比，有着明显的不同。

当射流经喷口喷入房间后，由于固体边壁限制了射流边界层的扩展，射流流量和半径不像无限空间射流那样是一直增大的，而是增大到一定程度以后又逐渐缩小，致使射流的外部边界呈橄榄形，如图 5-15 所示圆断面有限空间射流的结构图。

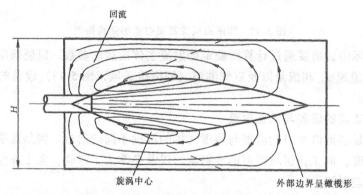

图 5-15　圆断面有限空间射流的结构图

有限空间射流在运动空间内引起的回流，是区别于无限空间射流的重要特征之一。采暖、通风和空调工程上正是利用射流的这一特征，在回流区组织气流的运动，来改善环境气候条件，以满足人民生活和生产的需要。

有限空间射流的结构，除了受固体边壁的影响之外，还取决于射流喷口的安装位置。如果喷口设在房间侧壁的正中央，则射流结构上下、左右对称，即中间为橄榄形射流主体，四周为回流区。但是，实际工程中的送风口，一般都是靠近房间上部设置的，如果喷口高度 h 位于房间高度 H 的 0.7 倍以上，即 $h \geqslant 0.7H$ 时，由于射流上部回流区过流面积的减小，引起流速增大，压力减小。这样一来，射流上部的流体处于增速减压状态，与此相反，射流下部的流体处于减速增压状态。受此上下压差作用，射流将整个地贴附于房间顶部，回流则全部由射流下部区域通过，如图 5-16 所示。这种射流称为贴附射流。

有限空间射流主要用于集中式通风和空调工程中，设计要求使工作区域处于射流的回流区内，并且对回流流速有一定要求。

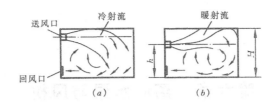

图 5-16 贴附射流

思 考

1. 什么是等温射流？请举例说明。

2. 什么是温差射流？什么是浓差射流？请举例说明。

3. 什么是冷射流？什么是热射流？

4. 什么是孔口出流？

5. 什么是管嘴出流？

6. 什么是射流？

习 题

1. 某恒温室采用多孔板送风，空气温度为 20℃，夹层中空气的相对压力为 196.2Pa，房间内空气压力为当地大气压。若孔口直径为 20mm，要求送风量为 3000m³/h，已知孔口的流量系数为 0.64，试问需要布置多少个孔口？

2. 如图 5-11 所示，虹吸管将 A 池中的水输入 B 池，已知管长 $l_1 = 3$m，$l_2 = 5$m，直径 $d = 75$mm，两池水面高度差 $H = 2$m，C 点离 A 池水面最大高度 $h = 1.8$m，管道采用铸铁管。求流量 Q 及管道 C 点的真空度。

第六章　离心水泵与风机

第一节　离心式泵和风机的工作原理和构造

在日常生活水泵是怎样将水提升的呢？它是什么样的构造呢？它的工作原理又是什么呢？

在开采地下煤矿时，因为矿井内的空气含二氧化碳和甲烷较多，必须要用风机送入新鲜空气，并且抽出有害气体，这些送风机和抽风机又是怎样工作呢？它们是什么样的构造呢？

一、离心式泵和风机的工作原理

实验 1　在一个敞口的圆筒中盛有水，让圆筒绕中心轴作等角速旋转时，圆筒内的水面便呈抛物线上升的旋转凹面，如图 6-1 所示。圆筒的半径越大转得越快时，液体沿圆筒壁上升的高度 h 就越大。壁面 D 点处液体质点所受的水静压力就越大。这就是离心力的作用。

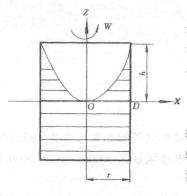

图 6-1　实验

离心泵就是基于离心力的原理来工作的。所不同的是离心泵的叶轮、泵壳都是经过专门的水力计算再设计完成的。离心式泵是依靠叶轮的高速旋转，使液体在叶轮中流动时受到离心力的作用从而使液体获得能量。

如图 6-2 所示，是单级离心泵构造。当叶轮旋转时，在叶轮中的液体受到离心力的作用便飞离叶轮，向四周甩去。甩出去的液体沿着蜗形泵体的螺线形腔室，进入排出室，因受机壳作用而流速减慢，压强增加。由于压强的作用，液体还能送到高处，这就是泵的压水过程。离心泵在工作时为什么能从液池将液体吸入泵内呢？

实验 2　我们把一根细管插进汽水瓶里用力吸吮，汽水就会顺着管子流进嘴里。这是由于在吸汽水的时候，嘴里的空气被吸入肺里，使口腔形成局部的真空，所以瓶里的汽水在大气压作用下便进入嘴里。

同样的道理，当泵和吸入管灌满水，然后启动电动机，带动叶轮在泵壳内高速旋转，水

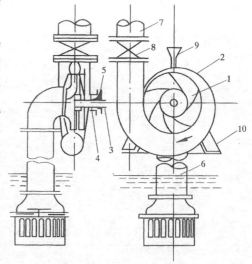

图 6-2　单级离心泵构造

1—叶轮；2—泵壳；3—泵轴；4—轴承；5—填料函
6—吸水管；7—压水管；8—闸阀；
9—灌水漏斗；10—泵座

在离心力的作用下，被甩向叶轮的边缘，经蜗壳形泵壳中流道，甩入压水管中，沿压水管输送出去。水被甩出去后，叶片叶轮中心就会形成真空，水池中的水在大气压的作用下，沿吸水管流入水泵的吸水口，受叶片高速旋转作用，水被甩出叶轮进入压水管道，如此作用下就形成了水泵连续不断的吸水和压水过程。离心泵输送液体的过程，实际上完成了能量的传递和转化。

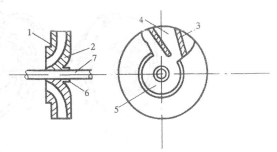

图 6-3　单级式叶轮

1—前盖板；2—后盖板；3—叶轮；4—叶槽；

5—吸水口；6—轮毂；7—泵轴

离心风机的工作原理与离心泵相同，靠的也是离心力的作用。单级式叶轮如图 6-3 所示，当通风机的叶轮被原动机带动旋转时，充满叶轮的叶片间槽道中的气体在离心力的作用下，被甩出叶轮，其动能和势能都有所提高；被甩出的气体汇集于螺旋形机壳构成的流道中，然后沿着流道流向风口而排入输气道。与此同时，风机中部便产生了真空，外界气体在大气压强作用下，经进风口进入风机。就这样，气体不断地流入，又不断地排出，风机就不停地送风了。

二、离心式泵和风机的构造

1. 离心式泵的构造

单级单吸卧式离心式泵一般由叶轮、泵壳、泵轴、轴承、轴封、减漏环，轴向力平衡装置等组成。如图 6-4 所示。

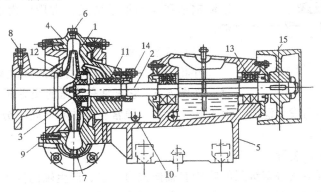

图 6-4　单级单吸卧式离心泵

1—叶轮；2—泵轴；3—键；4—泵壳；5—泵座；6—灌水孔；

7—放水孔；8—接真空表孔；9—接压力表孔；10—泄水孔；

11—填料盒；12—减漏环；13—轴承座；

14—压盖调节螺栓；15—传动轮

（1）叶轮

叶轮是离心泵的最重要部件之一。它由叶片和轮毂组成。叶轮一般可分为单吸式叶轮和双吸式叶轮两种。叶轮按盖板情况可分为封闭式叶轮、敞开式叶轮和半开式叶轮三种形式。如图 6-5 所示。封闭式叶轮有前、后盖板，常用于输送清水；敞开式叶轮没有前盖板和后盖板而只有叶片；半开式叶轮只设后盖板。后两种多用于输送含有杂质的液体。

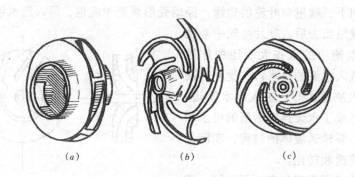

图 6-5 叶轮

(a) 封闭叶轮；(b) 敞开式叶轮；(c) 半开式叶轮

（2）泵壳

泵壳的主要作用是以最小的损失汇集由叶轮流出的液体，使其部分动能转变为压能，并均匀地将液体导向水泵出口。泵壳多采用铸铁材料，泵壳顶部通常设有灌水漏斗和排气栓，以便启动前灌水和排气。底部有放水方头螺栓，以便停用或检修时泄水。

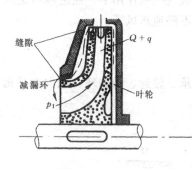

图 6-6　减漏装置

（3）泵轴、轴套及轴承

泵轴是用来旋转叶轮的，它将电动机的能量传递给叶轮。泵轴应有足够的抗扭强度和刚度。为了防止轴的磨损和腐蚀，在轴上装有轴套，轴套磨损锈蚀后可以更换。轴承用来支承泵轴，便于泵轴旋转。常用的轴承有滚动轴承和滑动轴承两类，常用润滑脂或润滑油进行润滑。

（4）减漏装置

叶轮进口外缘与泵壳内壁的接缝处存在一个转动接缝，如图 6-6。它正是高低压的交界面，而且是具有相对运动的部位，很容易发生泄漏。为了减少泄漏，通常在泵体和叶轮上分别安置密封环。密封环又称减漏装置。

（5）轴向力平衡装置

单吸式离心泵或某些多级泵的叶轮有轴向推力存在，产生轴向推力的原因是作用在叶轮两侧的流体压强不平衡造成的。图 6-7 表明了单吸泵叶轮轴向受力。当叶轮旋转时，叶轮进水侧上部压强高，下部压强低，而叶轮背面全部受到高压作用。因此，叶轮前后两侧形成压强差而产生推力。如果不消除推力，将导致泵轴及叶轮的窜动和受力引起的相互研磨而损伤部件。单级单吸离心泵一般在叶轮的后盖板上加装减漏环，如图 6-8 所示平衡孔。此减漏环与前盖板上的承磨环直径相等。高压水经过此增设的密封环后压强降低，再经过平衡孔流回叶轮中去，使叶轮后盖板上的压力与前盖板相接近，这样就消除了轴向压力。

（6）轴封装置

泵轴伸出泵体外，在旋转的泵轴和固定的泵体之间设

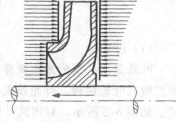

图 6-7　单吸泵叶轮轴向受力图

轴封，用来减少泵内压强较高的液体流向泵外，并借以防止空气侵入泵内。填料轴封是最常采用的轴封机构，常用的填料为浸透石墨或黄油的棉织物（或石棉）。

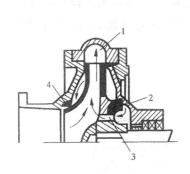

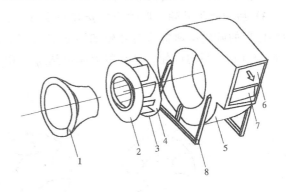

图 6-8　平衡孔

1—排出压力；2—加装的减漏环；

3—平衡孔；4—泵壳上的减漏环

图 6-9　离心式风机主要结构

1—吸入口；2—叶轮前盘；3—叶片；4—后盘；

5—机壳；6—出口；7—截流板（风舌）；8—支架

2．离心风机的构造

图 6-9 是离心式风机主要构造。

（1）吸入口

吸入口有集气作用，也可以直接从大气中吸气，使气流以最小的压头损失均匀流入机内。风机的吸入口主要有三种形式，如图 6-10（a）是圆筒形吸入口，制作简单，压头损失较大；（b）是圆锥形吸入口，制作较简单，压头损失较小；（c）是圆弧形吸入口，制作较困难，压头损失小。

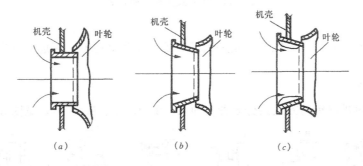

图 6-10　离心式风机主要结构示意图

（a）圆筒形吸入口；（b）圆锥形吸入口；（c）圆弧形吸入口

（2）叶轮

叶轮由叶片和连接叶片的前盘和后盘组成，叶轮的后盘与轴相连。叶轮可分为三种不同的叶形，如图 6-11 所示为离心式风机叶轮形式。

1）前向叶形叶轮：叶片出口安装角度 $\beta_2 > 90°$，叶片出口方向和叶轮旋转方向相同，前向叶形叶轮有薄板前向叶轮如图 6-11（a）和多叶前向叶轮如图 6-11（b）。多叶式流道很短，而出口宽度较宽。

2）径向叶形叶轮：叶片出口安装角度 $\beta_2 = 90°$，叶片出口是径向方向。径向叶形叶轮分为直线形径向叶轮如图 6-11（d）和曲线形径向叶轮如图 6-11（c）两种，前者制作简单，而损失较大，后者则反之。

3）后向叶形叶轮：叶片出口安装角度 $\beta_2 < 90°$，叶片出口方向和叶轮旋转方向相反，后向叶形的叶轮有薄板后向叶轮如图 6-11（e），还有空气动力性能好的中空机翼型，如图 6-11（f），后向叶轮，其整机效率可达 $\eta = 90\%$。

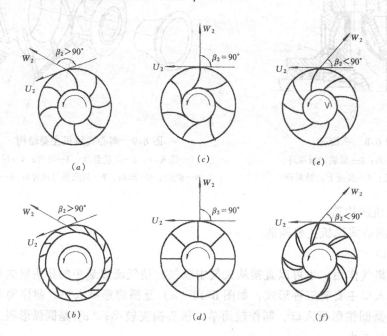

图 6-11　离心式风机叶轮形式

（3）机壳

中压和低压离心风机的机壳一般是钢板制成的蜗壳状箱体。它是用来收集来自叶轮的气体。

（4）支承和传动

我国离心风机的传动方式共分 6 种，即 A、B、C、D、E、F 型。见图 6-12 及表 6-1。

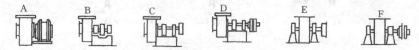

图 6-12　离心式风机 6 种传动方式

离心风机 6 种传动方式　　　　　　　　　　　　　　　　　　　　　表 6-1

代　　号	A	B	C	D	E	F
传动方式	无轴承	悬臂支承	悬臂支承	悬臂支承	双轴承支承	双轴承支承
	电动机直联传动	皮带轮在轴承中间	皮带轮在轴承外侧	联轴器传动	皮带轮在外侧	联轴器传动

1. 离心式水泵和风机工作原理是什么？

2. 离心式水泵和风机有哪些主要构件？

第二节　离心式泵和风机的性能参数

离心式泵或风机用哪些参数来表示它的基本性能呢？

离心式泵和风机的基本性能，通常由六个性能参数来表示，即流量、扬程、功率、效率、转速及允许吸上真空高度。在六个参数中，流量和扬程是泵与风机最主要的性能参数，它们之间的关系是泵与风机理论的核心部分之一。

1. 流量：是指泵与风机在单位时间内输送的流体体积，即体积流量，以符号 Q 表示，单位为 L/s，m^3/s，m^3/h。

2. 扬程（全压或压头）：单位重量流体通过泵与风机后获得的能量增量。以符号 H 表示。对于水泵来说，此能量增量叫做扬程，单位是 mH_2O。对于风机来说，此能量增量叫做全压或压头，单位是 Pa。

3. 功率：功率主要有两种：有效功率和轴功率。

有效功率：是指单位时间内通过泵与风机的全部流体获得的能量。这部分功率完全传递给通过的流体。以符号 N_e 表示，常用单位为 kW。可按下式计算

$$N_e = \gamma QH \quad (kW) \tag{6-1}$$

式中　γ——通过流体的重度（kN/m^3）。

轴功率：是指原动机加在泵与风机转轴上的功率，以符号 N 表示，常用单位为 kW。泵与风机不可能将原动机输出的功率完全传递给流体，还有一部分功率被损耗掉了。这些损耗包括：（1）转动产生的机械损失；（2）克服流动阻力产生的水力损失；（3）由于泄漏产生的能量损失等。

4. 效率：效率反映了泵或风机将轴功率转化为有效功率的程度。有效功率与轴功率的比值为效率 η。效率是衡量泵与风机性能好坏的一项重要指标。

$$\eta = \frac{N_e}{N} \times 100\% \tag{6-2}$$

轴功率的计算公式为

$$N = \frac{N_e}{\eta} = \frac{\gamma QH}{\eta} \quad (kW) \tag{6-3}$$

5. 转速：是指泵与风机叶轮每分钟转动的次数。以符号 n 表示，单位是 r/min。

6. 允许吸上真空度：是确定水泵安装高度的主要参数，详见第四节离心式泵和风机的气蚀及安装高度。

另外，为方便用户使用，每台泵与风机都有一块铭牌，铭牌上简明地列出了该泵或风机在设计转速下运转时，效率达到最高时的各项性能参数。

1. 离心式水泵和风机基本性能有哪些参数？

2. 离心式水泵和风机这些参数表示水泵和风机哪些性能？

第三节　离心式泵和风机的性能曲线

离心式泵或风机基本性能参数之间又有什么关系呢？

泵与风机是利用原动机提供的动力使流体获得能量以输送流体。我们首先来研究流体在旋转叶轮中的运动时速度三角形，得到离心式泵与风机的基本方程式：欧拉方程。

一、基本方程式

1. 流体在叶轮中的运动和速度三角形

如图 6-13（a）为离心式泵与风机叶轮的平面及剖面示意图。叶轮的进口直径为 D_1，叶轮外径也就是叶片出口直径为 D_2，叶片入口宽度为 b_1，出宽度为 b_2。

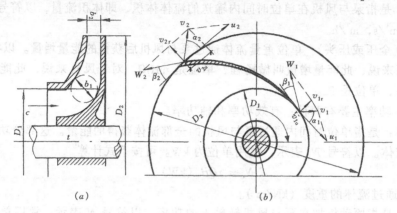

图 6-13　叶轮中流体流动速度

图 6-13（b）中绘有叶轮的某一叶片进口 1 和出口 2 处的流体速度图。在进口处流体质点具有圆周速度 u_1 和相对速度 w_1 两者的矢量和为 v_1，v_1 是进口处的绝对速度。在叶片出口处，质点的速度各相应为 u_2，w_2，两者的矢量和为叶片出口处质点的绝对速度 v_2。

将上述流体质点各速度绘在一张速度图上，图 6-13 就是流体质点的速度三角形图。在速度三角形中，w 的方向与 u 的反方向之间的夹角 β 表明了叶片的弯曲方向，叫做叶片的安装角。β_1 是叶片的进口安装角，β_2 是叶片的出口安装角。v 和 u 之间的夹角 α 叫做叶片的工作角。α_1 是叶片的进口工作角，α_2 是叶片的出口工作角。工作角与计算径向分速度 v_r 和切向分速度 v_u 有关。

$$v_{2u} = v_2 \cos\alpha_2 = u_2 - v_{2r} \mathrm{ctg}\beta_2 \tag{6-4}$$

$$v_{2r} = v_2 \sin\alpha_2 \tag{6-5}$$

为了简化问题，采用了三个理想化的假设，以建立流动模型。三个理想化的假设为：

2. 叶轮中流体的流动是恒定流动。

3. 叶轮具有无限多的叶片，叶片的厚度极薄。因而流束在叶片之间的流道中流动时，沿着叶片的形状流动，方向与叶片方向相同，任一圆周上流速分布均匀。

4. 经过叶轮的流体是理想流体，即流动过程中不考虑能量损失。

根据动量原理可以得到理想化条件下单位重量流体的能量增量与流体在叶轮中运动的

关系，也就是离心泵和风机的基本方程式—欧拉方程。即

$$H_T = \frac{1}{g} \ (u_2 v_{2u} - u_1 v_{1u}) \tag{6-6}$$

式中　H_T——离心泵和风机的理论扬程（m）；

　　　g——重力加速度，$g = 9.81 \text{m/s}^2$；

　u_1，u_2——叶轮进口和出口处的圆周速度（m/s）；

　v_{1u}，v_{2u}——叶轮进口和出口处绝对速度的切向分速度（m/s）。

二、理论性能曲线

在泵与风机的六个基本性能参数中，通常转速 n 是一个常量，那么泵或风机的扬程、流量和功率等性能是互相影响的，所以通常用三种函数关系式来表示性能参数之间的关系。

1. 泵或风机流量和扬程之间的关系用 $H = f_1 (Q)$ 来表示。

2. 泵或风机流量和外加轴功率之间的关系用 $N = f_2 (Q)$ 来表示。

3. 泵或风机流量和设备本身效率之间的关系，用 $\eta = f_3 (Q)$ 来表示。

上述三种关系常以曲线形式绘在以流量 Q 为横坐标的坐标图上，这些曲线叫做泵或风机的性能曲线。

以欧拉方程三个理想化假设条件下，从理论上来讨论 $H_T = f_1 (Q_T)$ 与 $N_T = f_2 (Q_T)$ 的关系。

由泵或风机的理论扬程公式　$H_T = \frac{1}{g} \ (u_2 v_{2u} - u_1 v_{1u})$

叶轮通过的理论流量可按下式计算

$$Q_T = F_2 v_{2r} \tag{6-7}$$

式中　Q_T——离心泵和风机的理论流量，不计各种损失（m³/s）；

　　　F_2——叶轮出口面积（m²）；

　　　v_{2r}——叶轮出口绝对速度的径向分速度（m/s）。

理论上流量和扬程可按下式计算

$$H_T = A - B \ \text{ctg}\beta_2 Q_T \tag{6-8}$$

式中　$A = \frac{u_2^2}{g}$，$B = \frac{u_2}{gF_2}$ 均为常数，而 $\text{ctg}\beta_2$ 代表叶型种类，也是常量。

图 6-14 绘制出了三种不同叶型的泵或风机的 Q_T—H_T 曲线，显然由于所代表的曲线斜率是不同的，因而三种叶型的曲线具有各自的曲线倾向。

在无损失流动的条件下，理论上有效功率就是轴功率。由前所述

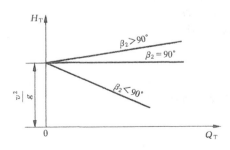

图 6-14　三种不同叶型的泵或风机的

　　　　　Q_T—H_T 曲线

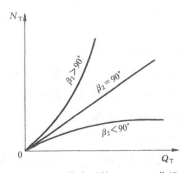

图 6-15　三种叶型的 Q_T—N_T 曲线

$$N_e = N_T = \gamma Q_T H_T \qquad (6\text{-}9)$$

当输送 $\gamma =$ 常数的流体时，函数曲线的形状也不同。当 $Q = 0$ 时，三种叶型的理论轴功率都等于零，三条曲线交于原点。见图 6-15。径向叶型叶轮，$\beta_2 = 90°$，$\text{ctg}\beta_2 = 0$，功率曲线为一直线。前向叶型叶轮，$\beta_2 > 90°$，$\text{ctg}\beta_2 < 0$，功率曲线为一上凹的二次曲线。后向叶型叶轮，$\beta_2 < 90°$，$\text{ctg}\beta_2 > 0$，功率曲线为一向下凹的二次曲线。

从图中可以看出，前向叶型的风机所需的轴功率随流量的增加而增长得很快，这种风机在运行中增加流量时，原动机超载的可能性要比径向叶型风机大很多。而后向叶型风机几乎不会发生原动机超载现象。

三、实际性能曲线

上述给出的 Q_T—H_T 曲线和 Q_T—N_T 曲线都属于泵和风机的理论性能曲线，是在不考虑能量损失的条件下分析出来的，只有计入各项损失，才能得出实际性能曲线。通常将泵和风机的机内损失按其产生的原因分为三类：水力损失、容积损失和机械损失。

1. 水力损失

流体流经泵和风机时，必然产生水力损失。这种水力损失同样也包括局部水力损失和沿程水力损失。机内水力损失主要包括以下几个部分：

第一、流体从泵和风机入口到叶片进入口处，由于克服沿程阻力和局部阻力而存在能量损失。这一部分流体流速往往不高，损失不大。

第二、流体经过叶轮，将克服阻力而产生摩擦损失。

第三、流体离开叶轮到机壳出口，要克服沿程阻力和局部阻力而产生能量损失。

水力损失常用水力效率来表示

$$\eta_h = \frac{H}{H_T} \qquad (6\text{-}10)$$

式中　η_h——水力效率；

　　　H——考虑水力损失后的实际扬程（m）；

　　　H_T——理论扬程（m）。

2. 容积损失

叶轮工作时，机内会有低压区和高压区，泵和风机的运动部件和固定部件之间存在着缝隙，这就会使流体通过缝隙从高压区泄漏到低压区。对于离心泵来说，还有为平衡轴向推力而设置的平衡孔的泄漏回流量，这些回流量经过叶轮时也获得了能量，但未能有效利用。容积损失的大小用容积效率来表示

$$\eta_v = \frac{Q_T - q}{Q_T} = \frac{Q}{Q_T} \qquad (6\text{-}11)$$

式中　η_v——容积效率；

　　　q——泄漏的总回流量（m^3/s）；

　　　Q——泵和风机实际流量（m^3/s）；$Q = Q_T - q$；

　　　Q_T——理论流量（m^3/s）。

3. 机械损失

泵和风机的机械损失包括轴承和轴封之间的摩擦损失；叶轮转动时盖板与机壳内流体之间发生的圆盘摩擦损失。机械损失可以用机械效率来表示

$$\eta_{\mathrm{m}} = \frac{N - \Delta N_{\mathrm{m}}}{N} \tag{6-12}$$

式中　η_{m}——机械效率；

　　N——泵和风机的轴功率（kW）；

　　ΔN_{m}——机械损失的总功率（kW）。

泵和风机的全效率 η。全效率等于水力效率、容积效率和机械效率三者的乘积。

即　　　　　　　　　　　　$\eta = \eta_{\mathrm{h}} \eta_{\mathrm{v}} \eta_{\mathrm{m}}$

泵和风机的轴功率

$$N = \frac{\gamma Q H}{\eta} \tag{6-13}$$

由于流体在泵和风机内情况十分复杂，现在还不能用分析的方法精确的计算这些损失。只能用实验方法直接得出实际的性能曲线。图 6-16 为离心式水泵的实际性能曲线。图中包括 $Q—H$，$Q—N$，$Q—\eta$ 和 $Q—H_{\mathrm{s}}$ 四条曲线。

从性能曲线可以看出，当流量 Q 变化时，扬程 H 发生变化，轴功率 N 也发生变化。当流量 $Q = 0$ 时，轴功率不等于零，此时，功率主要消耗于机械损失上。作用的结果使机壳内温度上升，机壳和轴承发热。因此，在实际运行中，只允许在短时间内进行 $Q = 0$ 的运行。然而泵和风机的启动一般是闭闸启动，相当于是在 $Q = 0$ 的情况下启动。此时泵和风机的轴功率较小，而扬程值却是最大，完全符合电动机轻载启动的要求。

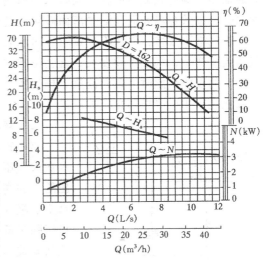

图 6-16　离心式水泵的实际性能曲线

这些实际性能曲线是制造厂根据实验得出来的，绘在同一坐标上。一般泵和风机在出厂时产品样本或说明书中就会提供，供用户使用。

思　　考

1. 什么叫泵和风机性能曲线？

2. 泵和风机的实际性能曲线要考虑哪些损失？

第四节　离心式泵的气蚀和安装高度

为什么在平原地区水在大气压下，水温上升到 100℃ 时，才开始沸腾汽化；而在珠穆朗玛峰顶上水温上升到 72℃ 时，就开始沸腾汽化呢？

这是因为气压随高度减小，所以水的沸点即汽化点也随气压降低而降低。也就是说如果维持一定的水温，逐渐降低水面上的绝对压强，则当压强降低到某一值，水也会汽化。

这个压强就叫做水在该温度下的汽化压强，用 p_q 表示。

一、离心式泵的气蚀

前面在介绍离心式泵的工作原理时说过，当离心式泵在工作时叶轮旋转，由于离心力的作用叶轮中心区域形成局部真空，叶轮进口处绝对压强也会下降，但最低不能低于水在当时温度下的汽化压强又称饱和蒸汽压强，否则水就会开始汽化。

如果叶轮进口处绝对压强低于水在当时温度下的汽化压强时，部分水就开始汽化，形成气泡。同时，由于压力降低，原来溶解于水的某些活泼气体如氧气，也会逸出形成气泡，所有这些气泡随水流进入泵内高压区，由于该区压强较高，气泡迅速破裂，于是在局部地区产生高频率、高冲击力的水力冲击现象，不断打击泵内部件，特别是工作叶轮，使其表面形成蜂窝状或海绵状。同时水中析出的活泼气体在凝结热的助长下，对金属发生化学腐蚀，以致金属表面逐渐脱落而破坏。这就是气蚀现象。

当气泡不太多，气蚀不严重时，对水泵的运行和性能还不至于产生明显的影响。如果气泡大量产生，气蚀持续发展，就会影响水的正常流动，产生剧烈的噪声和振动，甚至造成断流的现象。此时，泵的流量、扬程和效率都会下降。最后必将缩短泵的寿命。因此，水泵在运行中应严格防止气蚀现象。

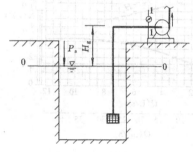

图 6-17 水泵的安装高度

二、离心式泵的安装高度

离心式泵是在水泵吸入口处形成真空，使吸水池中水在大气压的作用下通过吸水管流入水泵。而一个大气压的水柱高度约为10m。事实上吸水口处不可能达到绝对真空，吸入管段也不可能没有流动阻力，而且在吸水入口压强过低时，水会汽化而引起气蚀现象。所以水泵的几何安装高度不可能达到10m。那么，水泵的安装高度应如何计算呢？

水泵的安装高度如图 6-17，以吸水池水面为基准面，列吸水池水面 0—0 和吸入口断面 1—1 的能量方程式

$$0 + \frac{p_0}{\gamma} + \frac{v_0^2}{2g} = H_g + \frac{p_1}{\gamma} + \frac{v_1^2}{2g} + h_w$$

式中　H_g——水泵的安装高度（m）$\frac{v_0^2}{2g} \approx 0$

$$\frac{p_0 - p_1}{\gamma} = H_g + \frac{v_1^2}{2g} + h_w \tag{6-14}$$

$\frac{p_0 - p_1}{\gamma}$ 表示吸水池水面与水泵吸入口断面之间的压强差。令 $H_B = \frac{p_0 - p_1}{\gamma}$，就是水泵吸入口处大气真空计所测得的真空高度

$$H_B = H_g + \frac{v_1^2}{2g} + h_w \tag{6-14a}$$

为避免水泵产生气蚀现象，必须对水泵吸入口处的真空高度作出规定，这个规定的真空度就是水泵铭牌上提供的允许吸上真空高度，以符号 H_s 表示。则有 $H_B \leq H_s$。

则水泵的最大安装高度按下式计算

$$H_{gmax} = H_s - \frac{v_1^2}{2g} - h_w \qquad (6-15)$$

计算中必须注意以下两点：

1）流量增加时，流动阻力和流速水头都增加，以致允许吸上真空度 H_s 将随流量的增加而有所降低。

2）H_s 值是制造厂在大气压为 101.325kPa 和 20℃ 的清水条件下试验得出的。当泵在使用条件与上述情况不符时，应对允许吸上真空高度 H_s 修正。如下

$$H_s' = H_s - (10 - h_A) + (0.24 - h_v) \qquad (6-16)$$

式中　H_s'——修正后的允许吸上真空高度（m）；

　　　H_s——水泵厂商提供的水泵铭牌上的允许吸上真空高度（m）；

　　　h_A——水泵装置地点的大气压强水头，随海拔高度而变化。见表 6-2；

　　0.24——水温为 20℃ 的汽化压强水头；

　　　h_v——实际工作水温的汽化压强水头。见表 6-3。

不同海拔高度的大气压强水头　　　　　　　表 6-2

海拔高度（m）	-600	0	100	200	300	400	500	600	700	800	900	1000	1500	2000
大气压强水头（mH₂O）	11.3	10.3	10.2	10.1	10.0	9.8	9.7	9.6	9.5	9.4	9.3	9.2	8.6	8.4

不同温度水的汽化压强　　　　　　　表 6-3

温度（℃）	5	10	20	30	40	50	60	70	80	90	100
汽化压强（mH₂O）	0.09	0.12	0.24	0.43	0.75	1.25	2.00	3.17	4.82	7.14	10.33

【例题 6-1】　某离心式水泵的输出水量为 $Q = 10L/s$，水泵进口直径 $D = 50mm$，经计算，吸水管的水头损失 $h_{w(1)} = 2.0mH_2O$，铭牌上的允许吸上真空高度 $H_s = 7.4m$。输送水温为 40℃ 清水，当海拔高度为 800m，求水泵的最大安装高度 H_g。

【解】　修正水泵的允许吸上真空高度

$$H_s' = H_s - (10 - h_A) + (0.24 - h_v)$$

查表当海拔高度为 800m 时，$h_A = 9.4m$

当水温为 40℃ 时，$H_v = 0.75m$，代入上式

$$H_s' = 7.4 - (10 - 9.4) + (0.24 - 0.75) = 6.29mH_2O$$

因此，水泵的最大安装高度 H_g 为　　$H_g = H_s - \frac{v_1^2}{2g} - h_{w(1)}$

已知 $h_{w(1)} = 2.0\ mH_2O$，$v_1 = \frac{4Q}{\pi D^2} = \frac{4 \times 0.01}{3.14 \times 0.05^2} = 5.08m/s$

$$H_g = 6.29 - \frac{5.08^2}{2 \times 9.81} - 2 = 2.98m$$

所以，水泵的最大安装高度为 2.98m。

思　考

1. 什么叫水泵的气蚀现象？如何产生？有何危害？
2. 什么叫水泵的几何安装高度？它与允许吸上高度有何关系？

第五节　管路性能曲线和工作点

在实际工作中，每台泵和风机究竟在哪一点上工作呢？它又是由什么来决定的呢？
泵和风机工作点并不取决人们的主观想象，而是取决于所连接的管路性能。

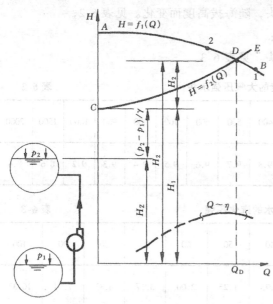

图 6-18　管路系统的性能曲线
与泵或风机的工作点

一、管路的性能曲线

所谓的管路的性能曲线，就是管路中通过的流量与所消耗的能量之间的关系曲线。当流体通过管路输送到某一处时，需要消耗哪些能量呢？

流体在管路中流动时克服阻力而消耗泵和风机所提供的能量（又称为压头）。所需克服的阻力一般有以下两种：

1. 管路系统两端的位差（高差）和压差 H_1。如图 6-18 所示。

$$H_1 = H_z + \frac{p_2 - p_1}{\gamma} \qquad (6-17)$$

对于上式 H_z 为两液面的高差。如果两流体面上的压强均为大气压强时，则有 $\frac{p_2 - p_1}{\gamma} = 0$。总之，对于一定的管路系统来说，$H_1$ 是一个不变的量。

2. 流体在管路系统中的流动阻力 H_2。此流动阻力包括全部的沿程阻力和局部阻力，以及管路末端出口的流速水头，总称为作用水头 H_e。

$$H_2 = H_e = \sum h_f + \sum h_j + \frac{v^2}{2g} \qquad (6-18)$$

如果管路末端具有自由液面，呈淹没出流和循环管路系统，则 $\frac{v^2}{2g} = 0$。最后将阻力损失表示为流量的函数关系式。即

$$H_2 = H_e = SQ^2 \qquad (6-19)$$

式中 S 称为阻抗，与管路系统的沿程阻力和局部阻力以及几何形状有关，单位为 s^2/m^5。于是，流体在管路系统中流动时所需的总压头 H_e 为

$$H_e = H_1 + H_2 = H_1 + SQ^2 \qquad (6-20)$$

此式表明了实际工程条件下所需的总水头，如果将这一关系绘在以流量 Q 与压头 H 组成的直角坐标图上，如图 6-18，就可得到图中的曲线 CE，此曲线就称为管路性能曲线。

二、泵和风机的工作点

由管路性能曲线可知，管路系统的性能包括管路系统在内的整个泵或风机装置和实际要求所决定，与泵或风机本身的性能无关。但是工程中所需要的流量和其相应的压头必须由泵或风机来提供。这是一对矛盾的两个方面，那么，泵或风机在某个具体管路中工作时，其工作点如何确定呢？我们可以用图解法加以解决。

将泵或风机的性能曲线 $H = f_1(Q)$ 和管路系统的性能曲线 $H = f_2(Q)$ 按同一比例绘在同一坐标内，如图 6-18。图中二次曲线 CE 为管路的性能曲线。曲线 AB 为所选的泵或风机的机器性能曲线。AB 与 C 相交于 D 点，D 点就为泵和风机的工作点。

思　　　考

1. 什么叫管路特征曲线？
2. 如何决定泵或风机的工作点？

第六节　常用离心式泵与风机的工况的调节

怎样改变泵和风机的工作点，来满足用户流量变化的要求？

在实际工程中，为适应用户的需要和经济运行的要求，泵和风机都要进行流量调节即工况的调节。工况的调节就是用一定的方法改变泵和风机的工作点，来满足用户流量变化的要求。如前所述，泵和风机运行时其工作点是机器性能曲线与管路性能曲线的交点，要改变这个工作点，就应从改变泵和风机机器性能曲线与改变管路性能曲线这两个途经着手进行。

一、改变管路性能的调节方法

改变管路性能曲线最常用的方法是阀门调节法。这种方法是通过改变阀门的开启度，从而改变管路的特性系数 S，使管路的性能曲线改变，通常也称为节流法。这种调节方法十分简单，但是因增加了阀门的阻力，故额外增加了水头损失。这种方法用于频繁的临时性的调节。阀门调节的工况分析图 6-19，图中曲线 I 是原来的管路性能曲线。阀门关小，阻力增大，管路性能曲线变陡为曲线 II。曲线 III 是泵或风机的性能曲线。

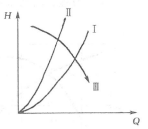

图 6-19　阀门调节的
工况分析

应当知道，水泵安装调节法时，通常只能用在泵的压水管上，因为装在吸水管上会使泵的真空度增加，易引起气蚀。

二、泵或风机性能的调节方法

1. 变速调节

改变泵或风机的转速，可以改变泵或风机的机器性能曲线，从而使工作点移动，流量也随之改变。转速改变时，泵或风机的性能参数变化见下式

$$\frac{n}{n'} = \frac{Q}{Q'} = \sqrt{\frac{H}{H'}} = \sqrt[3]{\frac{N}{N'}} \qquad (6\text{-}21)$$

变速调节的工况分析如图 6-20，图中曲线 I 为转速 n 时泵或风机的机器性能曲线，曲线 II 为管路性能曲线，因管路及阀门都没有改变，所以曲线 II 不变。曲线 III 为改变转速后泵或风机的机器性能曲线，工作点由 A 点移到 B 点。

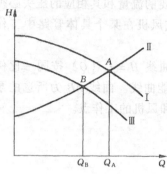

图 6-20　变速调节的工况分析

改变泵或风机转速的方法有以下几种：

（1）改变电动机的转速：用电动机带动的泵或风机，可以改变电动机的转速。还可以采用可变极数的电动机。

（2）调换皮带轮：改变风机或电动机的皮带轮大小，可以在一定范围内调节转速，它不增加额外的能量损失，但调速范围有限，并且要停机换轮。一般只作为季节性或阶段性的调节。

2. 切削叶轮的调节：泵或风机的叶轮经切削，外径变小，其性能随之改变。泵或风机性能曲线改变，则工作点移动，系统的流量和压头变小，达到调节的目的。需要停机换轮，一般用于季节性调节。

除以上两种调节工况的方法以外，某些大型的风机在进口处设有导流器进行调节。采用导流器的调节方法，增加进口的撞击损失，从节能角度看，不如变速调节，但比阀门调节消耗功率小，因而也是一种比较经济调节方法。此外，导流器叶片是风机的组成部分，调节性能上比较灵活，操作方便，可以在不停机的情况下进行。

【例题 6-2】　已知水泵性能曲线如图 6-21（a），泵的转速 $n = 2900$r/min，叶轮直径 $D_2 = 200$mm，管路的性能曲线为 $H = 19 + 76000Q^2$，试求：（1）水泵的流量 Q、扬程 H、效率 η 及轴功率 N；（2）在压出管路上采用阀门调节方法使流量减少 25%，求此时水泵的流量、扬程、轴功率和阀门消耗的功率。

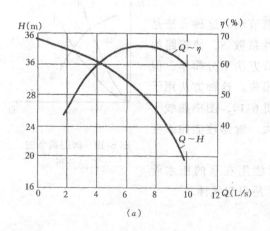

(a)

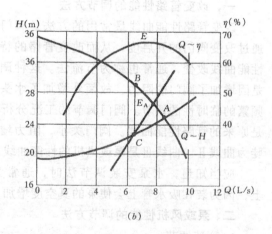

(b)

图 6-21　例题 6-2 图

【解】　（1）由管路的性能曲线为 $H = 19 + 76000Q^2$，代入适当的流量可得如下表的数据：

Q (L/s)	0	2	4	6	8	10
H (m)	19	19.30	20.22	21.74	23.86	26.60

根据表中数据，可绘制出管路性能曲线，如图 6-20（b），与水泵性能曲线交于 A 点，A 点即为工作点，从图中可查出该泵的工作参数为

$$Q_A = 8.5 \text{L/s} 、 H_A = 24.5 \text{m} 、 \eta_A = 65\%$$

所需轴功率 $N_A = \dfrac{\gamma Q_A H_A}{\eta_A} = \dfrac{9810 \times 0.0085 \times 24.5}{0.65} = 3143\text{W}$

（2）用阀门调节流量时，泵性能曲线不变，工作点移到如图 6-20（b）的 B 点，B 点的流量为

$$Q_B = （1 - 0.25） Q_A = 0.75 \times 8.5 = 6.38 \text{L/s}$$

从图中可查出：$H_B = 28.8 \text{m}$，$\eta_B = 65\%$

轴功率 $\qquad N_B = \dfrac{\gamma Q_B H_B}{\eta_B} = \dfrac{9810 \times 0.00638 \times 28.8}{0.65} = 2773\text{W}$

由 B 点作垂直线与管路性能曲线交于 C 点

$$H_C = 19 + 76000 Q^2 = 19 + 76000 \times （0.00638）^2 = 22.09\text{m}$$

阀门增加的水头损失

$$\Delta H = H_B - H_C = 28.8 - 22.09 = 6.71\text{m}$$

阀门消耗的功率

$$\Delta N = \dfrac{\gamma Q_B \Delta H}{\eta_B} = \dfrac{9810 \times 0.00638 \times 6.71}{0.65} = 646\text{W}$$

思 考 题

1．泵或风机有哪些调节方法？
2．各调节阀原理是什么？各有何优缺点？

第七节 常用离心式泵与风机的类型、型号及选择

实际中怎样根据泵或风机的型号正确选择合适型号的泵或风机的呢？

泵与风机使用的条件千变万化，泵与风机的产品种类繁多。了解泵与风机的类型、型号编制法是选择合适型号的泵与风机先行条件。在泵与风机中离心式泵与风机是最常用的加压设备。以离心式泵与风机为例进行介绍。

一、离心式水泵的类型、型号

1．离心式泵的类型

离心式泵按其泵的基本结构分为下面几种：单级悬臂式离心泵、单级双吸离心泵、分段式多级离心泵、中开式多级离心泵等。

2. 泵的全称命名和型号编制

在每台离心式泵出厂时上面都设有一块铭牌，铭牌上标明泵的型号，从型号上就可以了解泵的性能。离心式泵的命名是用流量、扬程和结构形式（或用途）来进行的。离心式泵的型号一般采用三段式表示法，即

| Ⅰ | Ⅱ | Ⅲ |

吸入口径代号　基本结构、特征、用途及材料等代号　扬程代号

第Ⅰ段代号表示泵的吸入口直径大小，单位 mm（部分老产品用英寸）。

第Ⅱ段代号中，表示结构，又表示特征、用途或材料。代号大多数是以泵的结构名称中的汉语拼音字母的字首来表示，如 B（SA）－单级悬臂式离心泵；S（Sh、SA）－单级双吸离心泵；D（DA）－分段式多级离心泵；DK－中开式多级离心泵。

第Ⅲ段代号，对单级泵直接用数字表示单级扬程，单位是米水柱；对多级泵，用两个数字相乘来表示总扬程，在乘号"×"的前后分别表示单级扬程与级数。

例：100D45×8—吸入口径为 100mm（流量为 85m³/h），单级扬程 45mH₂O，总扬程 45×8＝360mH₂O 的 8 级分段式多级离心泵。

三、通风机的类型、型号

我国对离心通风机的命名，主要是采取压强系数 $\bar{p}×10$ 和比转数 n_y 这两个数字进行的。例如 4-72 型离心通风机，"4"为压强系数 $0.4×10$，"72"表示比转数 $n_y = 72$（取正整数）。

1. 离心通风机的类型

离心通风机根据用途分为以下几种的类型：排尘通风机、工业用炉通风机、隧道通风换气机、高炉鼓风机、空气调节用的通风机、工业冷却水通风机、煤粉输送用的通风机、锅炉引风机等。

2. 离心通风机的全称命名和型号编制

离心通风机的全称包括用途（有的这一项省略不写）、名称、型号、传动方式、旋转方向、风口位置等七项内容。

（1）名称：名称用汉字写出：离心通风机，写在用途代号之后。通风机用途的代号用汉语拼音字母的缩写（第一个字母大写）来表示，如：C－排尘通风机；GY－工业用炉通风机；CD－隧道通风换气机；GL－高炉鼓风机；KT－空气调节用的通风机；L－工业冷却水通风机；M－煤粉输送用的通风机；Y－锅炉引风机。

（2）型号：型号用三组阿拉伯数字表示，其间用短横线连接。第 1 组数代表全压系数，它是通风机在最高效率工作时的压强系数乘以 10 后再按四舍五入进位取一位数；第 2 组数代表比转速；第 3 组数的左边代表进风口形式，右边代表设计顺号，通风机进口吸入形式代号见表 6-4。

通风机进口吸入形式代号　　　　　　　　　　　　　　　表 6-4

代　　号	0	1	2
通风机进口吸入形式	双侧吸入	单侧吸入	二级串联吸入

（3）机号：机号用叶轮外径的 D_2 毫米数除以 100（尾数四舍五入），冠以"No."表

示。

（4）传动方式

离心通风机的传动方式有六种，其型号及代号见图6-12。风口位置及转向基本进风口位置为三个：0°、45°、90°。

例如：离心式通风机　8－18－1 2 No.6A 右　90°。

"离心式通风机"表示：名称；"8"表示：全压系数$\overline{p} = 0.8$；"18"表示：比速转：$n_Y = 18$；"1"表示：进风口型式：单侧吸入；"2"表示：设计顺序：第二次设计；"No.6表示：机号：叶轮外径600mm；"A"表示：传动方式：A式样；"右"表示：旋转方向：右旋涡；"90°"表示：出风口位置：90°。

三、离心式泵与风机的选择

1. 泵与风机选择的原则

正确选择泵与风机的一般原则是：保证泵或风机的系统正常而又经济地运行，即所选择的泵或风机不仅能满足管路系统的流量、扬程或风压要求，而且能保证泵或风机经常在效率最高区域内稳定地运行。选择时按以下几个步骤进行：

（1）首先确定系统需要的最大流量，进行管路计算求出需要的最大扬程或风压。系统需要的最大流量和最大扬程或风压作为选泵或风机的依据。选择时一般考虑一定的安全值（如渗漏、计算误差等）。

$$Q = （1.05 \sim 1.10） Q_{max} \tag{6-22}$$

$$H = （1.10 \sim 1.15） H_{max} \tag{6-23}$$

（2）分析泵或风机的工作条件，以便确定泵或风机的种类。泵则分析液体杂质情况、温度、腐蚀性等以及需要的流量和扬程确定泵的种类及型式；风机则分析气体含不含尘、含纤维或其他杂质、易燃易爆、温度等情况确定风机的种类。

（3）利用泵或风机的综合性能图或性能表进行初选，确定泵或风机的型号。

水泵的综合性能图就是水泵厂将所生产的某种型号、不同规格的泵的性能曲线，在高效率区（$\eta \geqslant 0.9\eta_{max}$）的部分，成系列的绘在同一张坐标图上。

一般水泵的样本在泵的性能曲线高效率区上选择三个工况点，将这些点的性能参数编制成水泵的性能表。如表6-5是IS型单级单吸离心泵性能表的一部分。

IS 型单级单吸离心泵性能表（摘录）　　　　　表 6-5

型　　号	转速 n (r/min)	流量 Q		扬程 H (m)	效率 η (%)	功率 （kW）		允许吸上真空高度 (m)	泵的重量 (kg)
		(m³/h)	(L/s)			轴功率	电机功率		
IS-80-65-125	2900	30	8.33	22.5	64	2.87	5.5	3.0	36
		50	13.9	20	75	3.63		3.0	
		60	16.7	18	74	3.98		3.5	
	1450	15	4.17	5.6	55	0.42	0.75	2.5	
		25	6.94	5	1	0.48		2.5	
		30	8.38	4.5	2	0.51		0	

型　号	转速 n (r/min)	流量 Q (m³/h)	(L/s)	扬程 H (m)	效率 η (%)	功率（kW）轴功率	电机功率	允许吸上真空高度 (m)	泵的重量 (kg)
IS-80-65-160	2900	30	8.33	36	61	4.82	7.5	2.5	41
		50	13.9	32	73	5.97		2.5	
		60	16.7	29	72	6.59		3.0	
	1450	15	4.17	9	55	0.67	1.5	2.5	
		25	6.94	8	69	0.79		2.5	
		30	8.33	7.2	68	0.86		3.0	
IS-80-50-200	2900	30	8.33	53	55	7.87	15	2.5	51
		50	13.9	50	69	9.87		2.5	
		60	16.7	47	71	10.8		2.5	
	1450	15	4.17	13.2	51	1.06	2.2	2.5	
		25	6.94	12.5	65	1.31		2.5	
		30	8.33	11.8	67	1.44		3.0	
IS-80-50-250	2900	30	8.33	84	52	13.2	22	2.5	87
		50	13.9	80	63	17.3		2.5	
		60	16.7	75	64	19.2		3.0	
	1450	15	4.17	21	49	1.75	3	2.5	
		25	6.94	20	60	2.27		2.5	
		30	8.33	18.5	61	2.52		3.0	
IS-80-50-315	2900	30	8.33	128	41	25.2	37	2.5	
		50	13.9	125	54	31.5		2.5	
		60	16.7	123	57	35.3		3.0	
	1450	15	4.17	32.5	39	3.4	5.5	2.5	
		25	6.94	32	52	4.19		2.5	
		30	8.33	31.5	56	4.6		3.0	

同泵的综合性能图一样，风机的选择性能曲线就是将某型号风机不同机号（叶轮直径不同）不同转速下高效区的 Q-p 性能曲线的一部分绘制在一张坐标图上，供选择风机之用。

有些风机样本将选择性能曲线上高效率的 Q-p 曲线，均匀地选取 6~8 个工况点，将这些点的数据编成风机性能表，如表 6-6 是 4-72-11 型风机性能表的一部分。

4-72-11 型风机性能表 表 6-6

转速 (r/min)	序号	出口风速 (m/s)	全压 (Pa)	风量 (m³/h)	电动机型号	(kW)	
			T4-72No-6A				
1450	1	8.3	1150	6860			
	2	9.3	1120	7760			
	3	10.3	1090	8550			
	4	11.3	1060	9360	Y112M-4 (B35)	4	M10×250
	5	12.4	990	10200			
	6	13.2	940	10900			
	7	13.4	840	11840			
	8	15.3	720	12620			

转　速 (r/min)	序　号	出口风速 (m/s)	全　压 (Pa)	风　量 (m³/h)	电　动　机	
					型号	(kW)
			T4-72No-6A			
960	1	5.5	500	4540		
	2	6.2	490	5070		
	3	6.8	480	5630		
	4	7.5	460	6220	Y100L-6	1.5
	5	8.2	430	6760	(B35)	
	6	8.8	410	7220		M10×250
	7	9.5	370	7840		
	8	10.1	320	8360		

（4）利用泵的性能曲线或性能表，再绘制管路性能曲线找出工作点，进行校核。主要使工作点处在高效率区，还注意泵的工作稳定性。

（5）查明允许吸上真空高度或气蚀余量，核算水泵的安装高度。风机核算圆周速度 $u_2\left(u_2 = \dfrac{n\pi D^2}{60}\right)$ 是否符合噪声规定。一般规定圆周速度不得超过以下范围（见表6-7），以控制噪声。

通风机最大圆周速度　　　　　　　　　　　表 6-7

建筑性质	居住建筑	公共建筑	工业建筑Ⅰ	工业建筑Ⅱ
u_2 (m/s)	20~25	25~30	30~35	35~45

注：工业建筑Ⅰ是指工作条件较安静的车间。工业建筑Ⅱ是指工作条件有其他噪声源的车间。

（6）结合具体情况，确定风机传动方式，旋转方向及出风口位置。从电动机或皮带轮一端正视，顺时针方向旋转为"右"，逆时针方向为"左"。

【例题6-3】　某工厂供水系统由清水池往水塔充水，如图6-22所示，清水池最高水位112.00m，最低水位108.00m，水塔地面标高115.00m，最高水位标高150.00m，水塔容积30m³，要求一小时内充满水，经计算管路水头损失：吸水管路 $h_{w1} = 1.0$m，压水管路 $h_{w2} = 2.5$m。试选择水泵。

【解】　由式（6-23）、（6-24）计算选择水泵的参数如下

$$Q = 1.1 \times 30 = 33\text{m}^3/\text{h}$$

$$H = 1.15 \left[(150 - 108) + h_{w1} + h_{w2}\right] = 1.15 (42 + 1.0 + 2.5) = 52.3\text{m}$$

根据已知条件，要求泵装置输送的液体是温度不高的清水，且系统要求的扬程又不是很高，可选用 IS 型单级单吸离心式清水泵。查表6-5，IS 型清水泵的性能表，可采用 IS80-50-200 型水泵，参数范围为流量 30~50m³/h，扬程53~50m，能满足系统工况要求。从性能表上可以看出，当 $n = 2900$r/min 时，配用电机功率 15kW，泵的效率为（55~69）%，泵的吸上真空高度为 2.5m。

此管路系统为工厂的供水管路，考虑不至于影响生产，保证用水的可靠性，可增设同样型号的水泵一台作为备用。

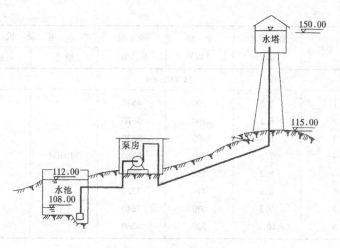

图 6-22 例题 6-3 图

【例题 6-4】 有一工业厂房，当海拔高程为 500m，夏季温度为 40℃，通风需要风量为 2.4m³/s，风压为 86mmH₂O。试选用一台风机。

【解】 该厂房为一般工业厂房，无特殊要求，故选用一般离心式风机 4-72-11 型。风量与风压考虑一定安全值为

$$Q = 1.05 \times 2.4 \times 3600 = 9072 \text{m}^3/\text{h}$$

$$p = 1.10 \times 86 \times 9.81 = 928 \text{Pa}$$

由于当地大气压及温度与标准条件（标准大气压及 20℃）不符，风压需进行换算，查表 6-2，海拔高程 500m 的当地大气压强为

$$9.7 \times 9.81 = 95.16 \text{kPa}$$

则标准条件的风压为 $p_a = 928 \times \dfrac{101.325}{95.16} \times \dfrac{273 + 40}{273 + 20} = 1056 \text{Pa}$

由表 6-6 得 4-72-11 型 No6A 风机，转速 $n = 1450 \text{r/min}$ 时，第 4 工况点的风压为 1060Pa，风量为 9360m³/h，可满足此厂房的通风需要。

核算圆周速度 $\dfrac{u_2 = n\pi D}{60} = \dfrac{1450 \times 3.14 \times 0.6}{60} = 45.53 \text{m/s}$

对于 Ⅱ 类工业建筑则符合噪声规定。

思　考

1. 水泵或风机的型号表示水泵或风机哪些特性？

2. 水泵或风机一般选择原则是什么？

第八节　其他常用泵及风机

前面介绍离心式水泵和离心式风机，实际上泵和风机的品种很多，泵和风机构造不同，它的用途也不同。泵与风机按其不同的工作原理可分为三类：一类叶片式：叶片式泵与风机是利用轴带动叶轮高速旋转，使流体的压能和动能增加，根据流体的运动方式可分为离心式、混流式及轴流式三种基本类型。二类容积式：容积式泵与风机吸入或排出流体

是利用工作室容积周期性变化，以增加流体的机械，达到输送流体的目的。如利用活塞在泵缸内作往复运动的活塞式往复泵，柱塞式往复泵等。其他类型：这类泵与风机只改变液体位能的泵，如水车、螺旋泵等；利用高速工作的流体（液体或气体）能量来输送流体的射流泵；利用管道中产生的水锤压力进行提水的水锤泵等。

下面我们再介绍几种常用的泵和风机。

一、管道泵

管道泵亦称管道离心泵，其结构见图6-23。该泵的基本结构与离心泵十分相似，主要由泵体、泵盖、叶轮、轴、泵体密封圈等零件构成，泵与电机共轴，叶轮直接装在电机轴上。

管道泵是一种比较适合于供暖系统应用的水泵，与离心泵相比有以下几个特点：

1.管道泵的体积小、重量轻，进出水口均在同一直线上，可以直接安装在管道上，不需设置混凝土基础，安装方便，占地少。

2.用机械密封，密封性能好，泵运行不漏水。

3.泵的效率高、耗电小、噪声低。

常用的管道泵有G型和BG型两种，均为立式单级单吸离心泵。G型管道泵适用于输送温度低于80℃、无腐蚀性的清水或其物理、化学性质类似于清水的液体。宜作循环水或高楼供水用。BG型管道泵适用于输送温度低于80℃、石油产品及其他无腐蚀性的液体，可供城市给水、供暖管道中途加压之用。

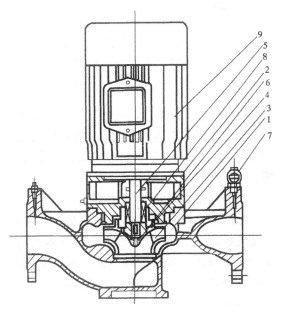

图6-23 G型管道离心泵结构图

1—泵体；2—泵盖；3—叶轮；4—泵体密封环；5—轴；6—叶轮螺母；7—空气阀；8—机械密封；9—电机

二、蒸汽活塞泵

蒸汽活塞泵又称蒸汽往复泵。它依靠蒸汽为动力，驱动活塞在泵缸内往复运动，改变工作容积，从而对流体作功使流体获得能量，是一种容积式泵。

蒸汽活塞泵由蒸汽机和活塞泵两部分组成。活塞泵工作示意如图6-24所示。曲柄连杆机构带动活塞在泵缸内往复运动，当活塞自左向右运动时，泵缸内造成低压，上端压水阀关闭，下端吸水阀被泵外大气压作用下的水压推开，水由吸水管进入泵缸。完成吸水过程。当活塞自右向左运动时，泵缸内造成高压，吸水阀关闭，压水阀受压而开启，将水由压水管排出，完成压水过程。活塞不断往复运动，水就不断被吸入和排出。因为，启动时不需灌泵的引水。所以很适合要求自吸能力高的场所使用。再加上蒸汽活塞泵是利用蒸汽为动力，很适合作锅炉补给水泵。

三、真空泵

真空泵是将容器中的气体抽出形成真空的装置。在真空式气体输送系统中，常用真空

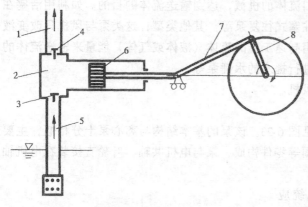

图 6-24　活塞泵工作示意
1—压水管；2—泵缸；3—吸水阀；4—压水阀；5—吸水管；
6—活塞；7—连杆；8—曲柄

泵使管路中保持一定的真空度，在大型水泵装置中，也常利用真空泵作为启动前的抽气引水设备。常用的真空泵是水环式真空泵。

水环式真空泵构造见图 6-25，水环式真空由水环式泵体和泵盖组成圆形工作室，在工作室内偏心地装着一个由多个呈放射状均匀分布的叶片和轮毂组成的叶轮。泵启动前，先往工作室内充水。当电动机带动叶轮转动时，由于离心力的作用，将水甩到工作室内壁而形成一个旋转水环，水环间的进气腔逐渐扩大，压强下降而形成真空，气体则自进气管被吸入进气腔。当气体随旋转的叶轮进排气腔时，因轮毂与水环间的空腔被压缩而逐渐缩小，压强升高，从而使气体自排气腔经排气管而排出泵外。叶轮每转一周，吸气一次，排气一次，形成真空。真空泵工作时，应不断补充水，以保证水环的形成和带走摩擦产生的热能。

四、轴流式风机

轴流式风机是叶片式通风机的一种。这种通风机在工作时，气流沿轴向进入叶轮，又沿轴向排出，故称为轴流式。轴流式风机的特点是流量大而压头小。轴流式通风机基本结构如图 6-26 所示。

轴流式风机的工作原理与离心式风机不同。轴流式风机的叶轮旋转时，由集风器被吸入的空气通过叶片时获得能量，然后流入导叶。导叶将一部分偏转的气体动能变为静压能，最后气体通过扩散筒将一部分轴向气体能变为静压能，再由扩散筒流出，输入排气管路。

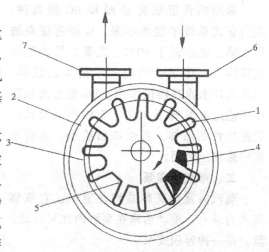

图 6-25　水环式真空泵构造图
1—叶轮；2—泵壳；3—水环；4—进气腔
5—排气腔；6—进气管；7—排气管

轴流式通风机的性能曲线见图 6-27，它表示在一定转速下，流量与压头、功率及效率等参数之间的内在关系。与离心式风机的性能曲线相比轴流式风机的性能曲线有如下特点：

1. Q-p 曲线的右侧相当陡降，而左侧呈马鞍形，c 点的左边为不稳定工况区。当轴流式风机在不稳定工况区运行时，就会产生"旋转脱流"现象（即气流在叶片背部的流动遭到破坏，升力减小，阻力急剧增大，压力迅速降低），使叶片疲劳破裂，造成严重破坏事故。因此轴流式风机在运行过程中只适宜在较大流量下工作。

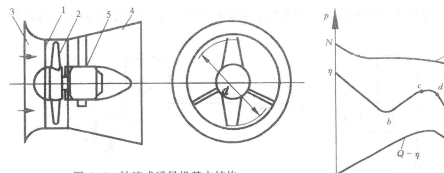

图 6-26　轴流式通风机基本结构

1—圆形风筒；2—叶片及轮毂；3—钟罩形吸入口；

4—扩压管；5—电动机及轮毂

图 6-27　轴流式通风机的性能曲线

3. Q-N 曲线呈陡降型。风机所需的轴功率随流量的减小，而迅速增大；当流量为零时功率达到最大。因此轴流式风机不能空载启动，启动时应将排气管闸板打开。

4. Q-η 曲线呈驼峰型。这表明轴流式风机的高效区很窄。最高效率点位置相当接近不稳定工况区时的起始点 c。因此轴流式风机均不设置调节阀门来调节流量，而采用调节叶片安装角度或改变风机的转速的方法来调节流量。

思　　考

离心式泵和风机的工作原理和构造。

离心式泵和风机的工作特性。

离心式泵或风机的工作点和工况调节。

怎样选择离心式泵或风机。

习　　题

1. 简述离心式水泵的工作原理？

2. 简述离心式风机 6 种传动方式及其特点？

3. 离心式泵或风机为什么采用闭闸启动？当闭闸运行时，$Q=0$，$N \neq 0$，此时轴功率应于何处？是否可长时间闭闸运行？为什么？

4. 某一单级单吸离心泵，流量 $Q=0.18\text{m}^3/\text{s}$，吸入管直径 $D=300\text{mm}$，水温 30℃，允许吸上真空高度为 $H_s=6\text{m}$，吸水池水面标高为 100m，水面为大气压，吸水管的阻力损失 $h_w=0.8\text{m}$，试求：

（1）泵轴的最高标高为多少？

（2）如果此泵装在海拔高度为 1000m，泵输送的水温为 40℃时，泵的安装位置标高为多少？

5. 试简述水泵产生气蚀的原因及危害。

6. 离心式泵或风机的性能曲线和管路性能曲线之间有何关系？这两条性能曲线的交点代表什么？

7. 如图 6-28，试计算泵的扬程及风机所需的风压，设管路能量损失 $h_w=5\text{m}$ 水柱。

（1）水泵从真空 $p_v=0.3$ 大气压的密闭水箱中抽水（管中不漏气）；

（2）通风机在海拔 2900m 处（当地大气压为 8.4mH_2O），由大气送风到 100mH_2O 的压力箱。

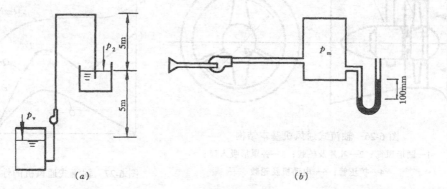

图 6-28　习题题 7 图

8. 离心式泵或风机有哪些调节方法？其调节原理是什么？

9. 设某水泵的性能参数如下表所示。转速 $n = 1450r/min$，叶轮外径 $D_2 = 120mm$。管路系统的特性阻力数 $S = 24000s^2/m^5$，几何扬水高度 $H_2 = 6m$，上下两水池均为大气压。求：

Q（L/s）	0	2	4	6	8	10	12	14
H（m）	11	10.8	10.5	10	9.2	8.4	7.4	6
η（%）	0	15	30	45	60	65	55	30

（1）泵装置在运行时的工作参数。

（2）当采用改变泵转速的方式使流量变为 6L/s 时，泵的转速应为多少？

（3）如以节流阀调节流量，使流量为 6L/s，其相应的参数为多少？

第七章 热力学原理

第一节 工质及理想气体定律

如果家用空调器的制冷剂泄漏完了，房间还会凉快吗？如图7-1。夏天，自行车在被晒得很热的马路上行驶，为何容易引起爆胎？如图7-2。

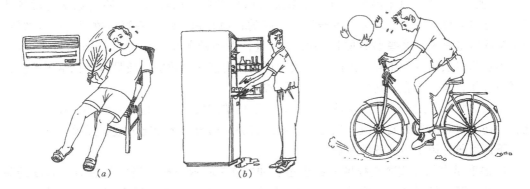

图 7-1 工质泄漏

（a）空调器制冷剂泄漏；（b）电冰箱制冷剂泄漏

图 7-2 理想气体受热膨胀

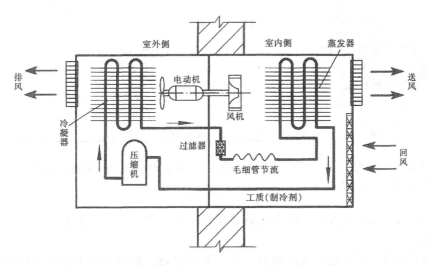

图 7-3 家用窗式空调器的制冷剂流动

空调器借助于流动制冷剂蒸发而吸收房间热量，并把热量连续不断地传递到室外，即完成了热能转移。

一、工质

(一) 工质基本概念

家用窗式空调器的制冷剂流动，如图 7-3，能量的转换和转移是通过流动物质的状态变化来实现。用以实现热能转移或热能与机械能相互转换的工作物质，称为工质。电冰箱、空调器中的氟里昂制冷剂就是工质。如图 7-4 是冬天供暖，用的工质是水蒸气。

对于工质，我们往往提出相应要求，如流动性、稳定性、安全性与经济性等等。

(二) 工质状态参数

工质在某瞬间的物理状况称为工质的热力状态，简称状态。描述工质热力状态的一些物理量，称为热力状态参数，简称状态参数。

工程热力学中常用的状态参数有：温度（T）、压力（p）、比容（v）、焓（h）、熵（s）、内能（u）等。其中温度、压力与系统的质量无关，也就是说，不管系统的质量是多少，它对温度、压力等这类参数是没有影响的；而容积、焓、熵等参数则具有可加性，与系统的质量有关，这些参数除以系统的质量，得到的单位质量参数，即称为比参数。如：容积除以质量得到比容、内能除以质量得到比内能、总焓除以质量得到比焓等等。为了书写方便，除了比容，其余往往将"比"省略。

工质的状态一定，其状态参数就一定；工质的状态发生了变化，其状态参数也相应变化，且初、终态的参数变化值，仅与初、终态有关，而与状态变化的过程无关。

下面简单介绍工质的各种参数：

1. 温度是表示工质冷热程度的物理量。如图 7-5 所示为摄氏温度与热力学温度的关系，两种温度间隔划分是一样的，凡是涉及到温差的地方，用开氏温度 K 或摄氏温度℃在数值上均相同，即 $\Delta t = \Delta T$。

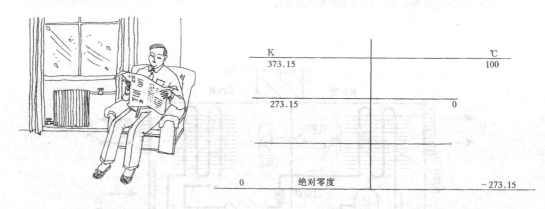

图 7-4　冬天供暖　　　　　　图 7-5　摄氏温度与热力学温度的关系

供热管网中的水蒸气，也是工质。

2. 对于压力来说，只有绝对压力才是工质的状态参数，表压力和真空度都不是工质的状态参数。

3. 比容和密度都是工质的状态参数，它们互为倒数，都是表示工质分子聚集疏密程度。单位质量工质所占据的容积称为工质的比容，记作 v。

4. 内能可认为只包括内动能和内位能两项。分子热运动而具有内动能取决于工质的温度 T，分子间存在相互作用力而具有内位能取决于工质的比容 v。即内能与 T 和 v 有关。

理想气体内能仅包括内动能。对理想气体来说，内能仅与温度相关。

5.焓是热力学中一个重要的状态参数。工质的焓 h 是由它的内能 u、压力 p、比容 v 这三个工质状态参数决定的，它的定义式为

$$h = u + pv \tag{7-1}$$

在开口系统中，有工质流进流出，焓是内能和流动功之和，一般可以认为随工质流进流出系统的能量就是焓；在闭口系统中，由于没有工质流进流出系统，焓就是一个复合状态参数，是由内能、压力和比容综合而得到的一个新的状态参数。

与内能一样，理想气体的焓也仅与温度相关。

6.熵没有具体的物理意义。如果把焓看成"含热量"的话，那么熵可表示工质状态变化时其热量传递的程度。

（三）状态参数坐标图

把研究对象从周围物体中划分出来，将研究对象总称为热力系统，或简称为系统。将与系统发生相互作用的周围物体称为外界或环境。如图 7-6 为热力系统。

系统不受外界影响的条件下，其热力性质不随时间而变化的状态，称为热力平衡状态。这时，系统温度、压力均匀一致，且与外界相等；系统内部都是相同状态，且不可能发生变化，因而可用确定的状态参数进行描述。

处于平衡状态的系统，由任意两个独立的状态参数可以确定其状态，那么可用这两个参数组成平面坐标图。如图 7-7（a）所示压容图。图上任意一点，都可以表示一个确定的热力平衡状态。如图中 1 点，其压力、比容分别为 p_1 和 v_1，根据状态方程可确定 T_1，则点 1 表示一确定的状态（点 2 表示另一状态）。反之，任意一个平衡状态，也可以在坐标图上找到相应的状态点。

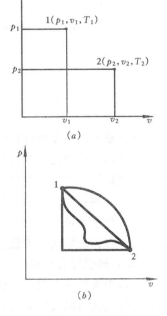

（a）

（b）

图 7-7　压容图
（a）压容图；（b）热力过程
在压容图上的表示

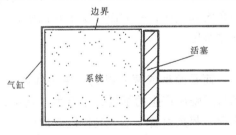

图 7-6　热力系统

显然，不平衡状态是不能在坐标图上表示的，因为不平衡状态没有确定的状态参数。

既然平衡状态在 p-v 图上可以表示为一个点，那么状态变化的热力过程在 p-v 图上就可表示为一条线。对于不同过程有不同的过程线，这种过程线可以是直线，也可以是曲线。如图 7-7（b）。

还有温熵图（T-s）、压焓图（$\lg p$ - h）、焓湿图（h - d）等等，这些状态参数坐标图的使用，为分析与计算热力学问题带来许多方便。

二、理想气体定律

（一）理想气体与实际气体

理想气体是一种假想气体，它必须符合两条假定：气体分子本身不占有容积；气体分子间没有相互作用力。

严格地说实际存在的气体不可能符合理想气体的假定。但是，当气体压力不太高、温度不太低的时候，实际存在的气体就很接近理想气体了。气体压力愈低、温度愈高、比容愈大时，就愈接近于理想气体。常见理想气体如图 7-8。

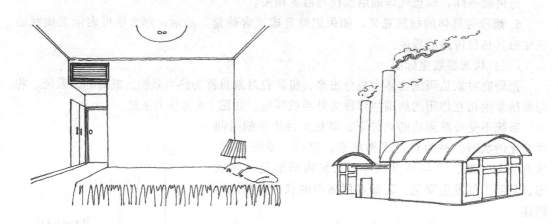

图 7-8　常见理想气体
空调工程中的空气、烟道中的烟气等，一般将它们当作理想气体对待。

压力较高、温度较低的气态物质，特别是刚刚脱离液态的气态物质，由于其比容较小，分子间距离较近，故其分子本身所占容积与分子间的相互作用力均不能忽略。将这些不符合理想气体的气态物质，称之为实际气体或蒸气。制冷装置中使用的氨或氟里昂等制冷剂蒸气、锅炉中产生的水蒸气等，均应当作实际气体对待。实际气体性质比较复杂。

在工程中是将气态物质视为理想气体还是实际气体，一方面取决于它们所处的热力状态；另一方面还取决于工程上所能容许的误差范围。

（二）理想混合气体

工程中常用的工质，往往不是单一气体，而是两种或两种以上的单一气体的混合物。如：空气主要由氮气和氧气组成；锅炉中燃料燃烧所产生的烟气，主要由二氧化碳、水蒸气、氮气、二氧化硫等组成；还有天然气等等，都是由若干单一气体组成的。

几种相互不发生化学反应的理想气体组成的混合物，称为理想混合气体，或简称为混合气体，由于混合气体的各组成气体都是理想气体，故凡适用于理想气体的有关规律和关系式，均适用于混合气体，一些常见气体的气体常数如表 7-1。

（三）理想气体定律

对于理想气体，它们有下列的关系：

$$pv = RT \tag{7-2}$$

式中 p、v、T 分别为气体的绝对压力（Pa）、比容（m^3/kg）、热力学温度（K）；R 为气体常数（$J/(kg \cdot K)$)，它取决于气体性质，与其热力状态无关的常数。

上式表示处于平衡状态的气体 p、v、T 之间关系：对于定量气体，当保持容积不变时，其压力与热力学温度成正比；当保持压力不变时，其容积与热力学温度成正比；当保持温度不变时，其压力与容积成反比。式（7-2）就称为理想气体状态方程或克拉贝龙方程。

对一定量气体如 m 千克（kg），则

$$PV = mRT \tag{7-3}$$

式中 V 是 m（kg）气体所占据的总容积，R 为气体常数。通用气体常数 $R_0 = 8314$ J/（kmol·K），M 为气体分子量，则

$$R = \frac{R_0}{M} = \frac{8314}{M} \ \text{J/（kg·K）} \tag{7-4}$$

一些常见气体的气体常数   表 7-1

物质名称	化学式	分子量	$R[\text{J/（kg·K）}]$	物质名称	化学式	分子量	$R[\text{J/（kg·K）}]$
氢	H_2	2.016	4124.0	氮	N_2	28.013	296.8
氨	NH_3	17.031	488.2	氧	O_2	32.0	259.8
水蒸气	H_2O	18.015	461.5	空气	—	28.97	287.0

如果气体从初态 1，经过状态变化到达终态 2，而且初、终态均为平衡状态，将有

$$\frac{p_1 V_1}{T_1} = \frac{p_2 V_2}{T_2} \tag{7-5}$$

或

$$\frac{p_1 v_1}{T_1} = \frac{p_2 v_2}{T_2} \tag{7-6}$$

【例题 7-1】 容积 0.8m^3 的气罐内盛有氧气。测得其压力为 $5 \times 10^5 \text{Pa}$，温度为 25℃。试计算罐内氧气的质量？

【解】 根据题意

$$V = 0.8 \text{m}^3$$
$$p = 5 \times 10^5 \text{N/m}^2$$
$$T = 273 + 25 = 298 \text{K}$$

氧气

$$M = 32 \text{kg/kmol}$$

故

$$R_{O_2} = \frac{R_0}{M} = \frac{8314}{32} = 259.8 \ \text{J/（kg·K）}$$

由

$$pV = mRT$$

得

$$m = \frac{pV}{RT} = \frac{5 \times 10^5 \times 0.8}{259.8 \times 298} = 5.17 \text{kg}$$

思　考

1. 什么叫工质的状态参数？表压力与真空压力是状态参数吗？

2. 如果容器中气体的压力没变，装在该容器上的压力表的读数就一定不变吗？

3. 焓的物理意义是什么？

4. 热力平衡状态有何特征？平衡状态是否一定是均匀状态？为什么？

5. 气体常数是否随气体的种类或气体所处的状态不同而变化？通用气体常数呢？

6. 研究理想气体性质有何意义？

第二节　气体的比热和热量计算

冷水流动可以冷却发热的机器设备，这些都是利用水的比热大的特点。发动机的散热如图 7-9。而气体的比热又是怎样呢？热量又是如何计算？

一、气体的比热

我们知道，物体温度升高 1℃所需的热量称为该物体的热容量。单位量的气体温度升高（或降低）1℃，所加入（或放出）的热量称为该气体的比热容，简称气体比热。

热量的单位采用千焦 kJ，质量单位采用千克 kg，则相应的比热称为质量比热，用符号 c 表示，单位为 kJ/(kg·K)；

影响气体比热的因素较多，下面介绍影响比热的主要因素。

1. 比热与过程特性的关系

不同加热过程如图 7-10，两个带有活塞的气缸，各装有 1kg 相同温度的同一种气体。左边气缸中活塞是固定不能移动的，右边气缸在加热过程中活塞是可以移动的。对它们加热并使两个气缸的气体温度各升高 1℃。显然，左边气缸是定容加热过程，而右边气缸是定压加热过程。

实验结果是：加给右边气缸中气体的热量就比加给左边气缸中气体的热量要多些，即定压比热值较定容比热值大。

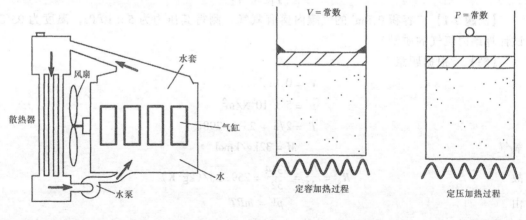

图 7-9　发动机的散热　　　　图 7-10　不同加热过程

单位质量的气体在压力不变的条件下温度变化 1℃所需的热量称为气体的质量定压比热 c_p。

单位质量的气体在容积不变的条件下温度变化 1℃所需的热量称为气体的质量定容比热 c_v。

实验证明：在一定的温度下，同一气体的 c_p 与 c_v 的值彼此并不相同，定压比热较定容比热值大。即

$$c_p > c_v \tag{7-7}$$

2. 气体比热与温度的关系

对 1kg 空气在定压下加热，使其温度从 100℃ 升高到 101℃，或从 1000℃ 升高到 1001℃，虽然都是升高 1℃，但是测出两种情况下所吸收的热量不同。这说明温度不同时气体的比热也不同。

气体的比热与温度的关系很复杂。一般来说，比热随温度的升高而增大，它们之间的关系可近似地表示为一曲线

$$c = f(t) = a + bt + dt^2 + \Lambda \qquad (7\text{-}8)$$

式中 a、b、d 等系数均由实验确定，不同的气体有不同的值，可从图册中查得。

图 7-11 表示了比热与温度的关系。

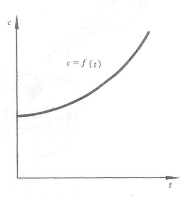

图 7-11　比热与温度的关系

3. 气体比热与其他因素的关系

对不同气体由于其物理性质不同，比热数值也不同。比热还与气体的分子结构有关，比热随着组成气体分子的原子数的增加而增加。例如在同样条件下，二氧化碳的千摩尔 kmol 比热（物质的量采用 kmol 的气体比热）要比氧气的千摩尔比热大，因为二氧化碳（CO_2）是三原子气体，而氧气（O_2）是双原子气体。另外，对于实际气体，比热还与压力有关。也就是说，实际气体的比热随压力和温度的变化而变化。

4. 混合气体的比热

一定质量的混合气体温度升高 1℃ 时，每一组成气体的温度也都升高 1℃。它们吸收的热量分别为：$m_1 c_1$、$m_2 c_2 \cdots \cdots m_n c_n$（$c_1$、$c_2 \cdots \cdots c_n$ 分别为各组成气体的质量比热）。因此，一定质量混合气体温度升高 1℃ 所吸收的热量，为其中各组成气体温度升高 1℃ 所吸收热量的总和，即

$$mc = m_1 c_1 + m_2 c_2 + \Lambda + m_n c_n$$

所以

$$c = \frac{m_1}{m} c_1 + \frac{m_2}{m} c_2 + \Lambda + \frac{m_n}{m} c_n$$

$$= g_1 c_1 + g_2 c_1 + \Lambda g_n c_n$$

$$= \sum_{i=1}^{n} g_i c_i \quad kJ/(kg \cdot K) \qquad (7\text{-}9)$$

也就是说，混合气体的质量比热等于各组成气体的质量比热与其质量成分乘积之和，

混合气体的比热已知后，其热量计算与单一气体计算热量的方法相同。

二、热量计算

(一) 热量

把烧红的铁块放到冷水中，冷水的温度就会升高，直到水温与铁块的温度相同。如图 7-12。这种由于温度不同而传递的能量称为热量。

如图 7-13，当系统与外界间存在温度差时，热量就从高温侧传向低温侧；当系统与外界间达到热平衡，过程就停止了，热量传递同时也停止。可见，热量只有在过程中才能发生，它不是状态参数，而是与过程紧密相关的过程量。也就是，我们不应该说"系统在某状态下具有多少热量，"而只能说"系统在某个过程中与外界交换了多少热量"。

图 7-12　温差传热

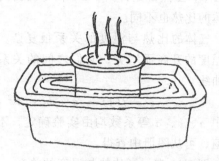

图 7-13　热量传递

把一杯热水放置在冷水槽中，杯中热水温度下降，槽内冷水温度上升，最后两者温度相等。

在热力学中用符号 Q 表示热量，单位为焦耳 J 或千焦 kJ。1kg 工质传递的热量用 q 表示，称为比热量。单位为 J/kg 或 kJ/kg。

（二）热量计算

当气体的种类和加热过程确定后，比热就只随温度的变化而变化。

1. 用定值比热计算热量

当温度在 150℃ 以下，特别是在精确性要求不高的近似计算中，如空调工程中，可忽略温度对比热的影响。这种不考虑温度影响的比热称为定值比热，简称定比热。

由表 7-2 定值千摩尔比热值，可换算出气体的定值质量比热

$$C = \frac{M_c}{M} \tag{7-10}$$

式中 M 为气体分子量。

气体的定值千摩尔比热值　　表 7-2

原子数	定容千摩尔比热 M_{c_v} kJ/(kmol·K)	定压千摩尔比热 M_{c_p} kJ/(kmol·K)
单原子气体	3 × 4.1868	5 × 4.1868
双原子气体	5 × 4.1868	7 × 4.1868
多原子气体	6 × 4.1868	8 × 4.1868

对 m（kg）质量气体，温度由 t_1 升到 t_2 所需热量为

$$Q = mc(t_2 - t_1) \quad (kJ) \tag{7-11}$$

在已知气体分子量和组成气体分子的原子数目时，可从表 7-2 上查出气体的定值千摩尔比热，换算出质量比热 c，再利用式（7-11）进行热量计算。

【例题 7-2】　5m³ 氧气，在 $p_1 = 3 \times 10^5$Pa 压力下从 20℃ 加热到 120℃，求加入的热量。比热设为定值。

【解】　利用状态方程求出气体的质量。由 $p_1 V_1 = mRT_1$ 得

$$m = \frac{p_1 V_1}{RT_1} = \frac{3 \times 10^5 \times 5}{\frac{8314}{32} \times 293} = 19.71 \text{kg}$$

氧气定容下的定值质量比热

$$c_v = \frac{Mc_v}{M} = \frac{5 \times 4.1868}{32} = 0.6542 \text{ kJ}/(\text{kg} \cdot \text{K})$$

最后求出热量

$$\begin{aligned}
Q_v &= mc_v(t_2 - t_1) \\
&= 19.71 \times 0.6542(120 - 20) \\
&= 1289.4\text{kJ}
\end{aligned}$$

2. 用平均比热计算热量

从图 7-11 就可看出，温度很高时，比热随温度的变化显著，任何一个温度都对应有一个比热值，计算时就不能忽略温度对比热的影响。

不可能也不需要将每一温度下气体的真实比热都算出来，工程上采用了平均比热的概念来简化热工计算。

平均比热是指在一定的温度范围内，单位数量气体所吸收或放出的热量与温度差的比值。例如，某单位数量的气体，温度从 t_1 变到 t_2 时，需要热量 q，则 q 与 $(t_2 - t_1)$ 的比值就称为该气体在温度范围 $t_1 \sim t_2$ 的平均比热 $c_{m_{t_1}}$。即

$$c_{m_{t_1}}^{t_2} = \frac{q}{t_2 - t_1} \tag{7-12}$$

由此，单位量气体吸收或放出的热量为

$$q = c_{m_{t_1}}^{t_2}(t_2 - t_1) \tag{7-13}$$

平均比热是一个假想的概念，它的实质是在某一确定的温度范围内，用一个数值不变的比热去代替随温度变化的真实比热进行热量计算，所得结果与按真实比热进行计算的结果相同。

另外，因为理想气体的焓、内能都是温度的单值函数，无论经历任何过程，只要温度变化相同，其焓、内能的变化就相同。理想气体任何过程的焓、内能的计算即

$$\Delta h = c_p(T_2 - T_1) \tag{7-14}$$

$$\Delta u = c_v(T_2 - T_1) \tag{7-15}$$

思　考

1. 温度高的物体比温度低的物体含有较多的热量，这种说法对吗？

2. 理想气体的内能和焓有什么特点？$\mathrm{d}u = c_v\mathrm{d}T$，$\mathrm{d}h = c_p\mathrm{d}T$ 是否对任何工质任何过程都正确？

第三节　热力学第一定律

车辆、船舶和飞机的动力装置，将热能转变为机械能，如图 7-14 为功量与热量相互转换；火力发电厂将热能转换为电能；电能又可以通过相应设备（如电动机）转换为机械能等等。

功量与热量到底是如何相互转换的呢？它们之间的关系又是如何？

一、热力学第一定律的实质

热力学第一定律是能量守恒与转换定律在研究热能转换时的具体体现，它主要说明热

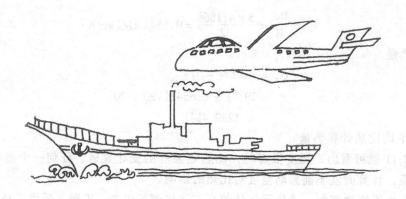

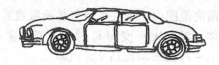

图 7-14　功量与热量相互转换

能和机械能的相互转换和守恒。可以表述为：

"热可以变为功，功也可以变为热，一定量的热消失时，必产生与之数量相当的功；消耗一定量的功时，必出现与之对应的一定量的热"。

热力学第一定律确定了热能与机械能可以相互转换，并且在转换时存在着确定的数量关系。所以，热力学第一定律也称为当量定律。

二、热力学第一定律的数学表达式

热力学第一定律是热力学的基本定律。它适用于一切热力过程，是工程上进行热力分析和热工计算的主要基础。当用于分析实际问题时，需要将之表示为数学解析式，即根据能量守恒的原则，列出参与过程的各种能量之间的数量关系，这种关系式亦称为能量平衡方程式。

对于任何系统，各项能量之间的平衡关系为：

系统中原有的能量 + 进入系统的能量 − 离开系统能量 = 系统最终剩余的能量

对不同条件的热力系统，将列出具有不同形式的能量平衡方程式。

我们首先研究闭口系统的能量平衡方程式。所谓闭口系统，就是与外界可以传递能量，但没有物质交换的系统。

如图 7-15 所示，有活塞的气缸，内有 1kg 气体。开始时系统处于平衡状态 1，工质的状态参数为 p_1、v_1、T_1 及 u_1。在热力过程中系统从外界吸热 q，并且由于气体膨胀推动活塞对外界作膨胀功 w。过程终了时到达平衡状态 2，状态参数为 p_2、v_2、T_2 及 u_2。

能量平衡关系应当表现为

u_1(系统原有能量) + q(进入系统能量) − w(离开系统能量) = u_2(系统最终能量)

由于是闭口系统，不存在工质流进流出的问题。工质所拥有的能量，可以只考虑内能这一项。在这一过程中，外界对工质加了热，工质从状态 1 膨胀到状态 2，对外界作了膨胀功。这里发生了能量的转换，按照热力学第一定律，能量应当守恒，即

$$u_1 + q - w = u_2$$

移项整理后得

$$q = u_2 - u_1 + w = \Delta u + w \quad (7\text{-}16)$$

上式是热力第一定律用于闭口系统所得的能量方程，称为热力学第一定律解析式。它说明：在一个热力过程中，系统从外界所吸收的热量，等于系统内能的增量和对外所作功之和。

热力过程中，一般规定 $q > 0$ 系统吸热，$q < 0$ 放热；$\Delta u > 0$ 内能增加，$\Delta u < 0$ 内能减少；$w > 0$ 对外作功，$w < 0$ 接受外功。

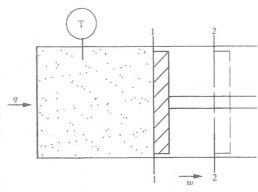

图 7-15　有活塞的汽缸

上述方程式是根据能量守恒原理直接导出的，除要求工质的初态和终态是平衡态外，其他再无任何假定和限制条件。所以它不受过程性质（可逆或不可逆）和工质性质（理想气体或实际气体）的限制，是普遍适用的。

热变功的惟一途径是通过工质膨胀，所以不论工质静止还是流动的，在状态变化过程中，热能转变为机械能的部分总是 $w = (q - \Delta u)$。因此，从热变功的实质来看，热力学第一定律解析式是最基本的能量方程式。

式（7-16）是针对 1kg 工质而写出的。对于 m（kg）质量而言，可相应地得出

$$Q = \Delta U + w \quad (7\text{-}17)$$

判断系统内能的变化，不应只看系统与外界的热交换，或系统与外界的功交换，而应看两者的综合结果。

【例题 7-3】　容器中装有一定质量的热水。热水向周围大气放出热量 10kJ，同时搅拌器对热水作功 15kJ。试问热水内能的变化量为多少 w？

【解】　取热水为闭口系统，由式（7-17）得：

$$\Delta U = Q - w$$

因系统向外放热，热量值为负 $Q = -10$kJ；

外界对系统作功，功量亦为负值 $w = -15$kJ；

所以　$\Delta U = -10 + 15 = 5$kJ。

热水内能增加 5kJ。

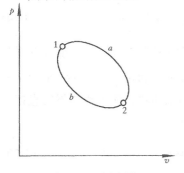

图 7-16　压容图

【例题 7-4】　对定量的某种气体加热 100kJ，使之由状态 1 沿途径 a 变至状态 2，同时对外作功 60kJ。若外界对该气体作功 40kJ，迫使它从状态 2 沿途径 b 返回至状态 1，如图 7-16 所示压容图。问返回过程中工质需吸热还是向外放热？其量是多少？

【解】　按题意 $Q_{1\text{-}a\text{-}2} = 100$kJ，$w_{1\text{-}a\text{-}2} = 60$kJ

气体在 1-a-2 过程中内能变化量为

$$\Delta u_{1\text{-}a\text{-}2} = U_2 - U_1 = Q_{1\text{-}a\text{-}2} - w_{1\text{-}a\text{-}2} = 100 - 60 = 40\text{kJ}$$

对 2-b-1 过程：

$$w_{2\text{-}b\text{-}1} = -40\text{kJ};$$

$$\Delta U_{2\text{-}b\text{-}1} = U_1 - U_2 = -40\text{kJ}$$

所以 $\qquad Q_{2\text{-}b\text{-}1} = \Delta U_{2\text{-}b\text{-}1} + w_{2\text{-}b\text{-}1} = -40 - 40 = -80\text{kJ}$

即气体返回过程中放出热量80kJ。

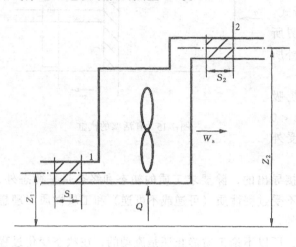

图 7-17　稳定流动系统

三、稳定流动的能量方程式

如图 7-17 所示的稳定流动系统，工质不断地经由 1-1 截面进入系统，同时系统不停地从外界吸取热量，并不断地通过轴对外界输出轴功 w_s，作功以后的工质则不断地通过截面 2-2 流出系统（c 表示流动速度，z 表示高度，g 表示重力加速度）。

这样一种工质与外界不仅有能量的传递与转换，而且还有物质交换的系统，即为"流动系统"或"开口系统"。

如果在流动过程中，系统内部及其边界上各点工质的热力参数及运动参数都不随时间而变，则称这种流动过程为稳定流动过程。

根据稳定流动的条件，由能量平衡式整理后对于1kg的工质可写为

$$q = (u_2 - u_1) + (p_2 v_2 - p_1 v_1) + \frac{1}{2}(c_2^2 - c_1^2) + g(z_2 - z_1) + w_s \tag{7-18}$$

式（7-18）即为热力学第一定律应用于工质在稳定流动时的数学表达式，称为稳定流动的能量方程式。它表明：对稳定流动的工质加入热量，可能产生的结果是改变工质本身的能量（内能、动能及位能），此外还供给工质克服阻力而作的流动净功 $(p_2 v_2 - p_1 v_1)$ 及对外输出轴功 w_s。

将闭口系统的能量方程与开口系统的能量方程进行比较：

开口系统：$\qquad q - \Delta u = (p_2 v_2 - p_1 v_1) + \frac{1}{2}(c_2^2 - c_1^2) + g(z_2 - z_1) + w_s$

闭口系统：$\qquad\qquad\qquad q - \Delta u = w$

即 $\qquad w = (p_2 v_2 - p_1 v_1) + \frac{1}{2}(c_2^2 - c_1^2) + g(z_2 - z_1) + w_s \tag{7-19}$

式（7-19）右侧后三项是工程上直接利用的。例如喷管中利用 $\frac{1}{2}(c_2^2 - c_1^2)$ 项可以得到高速气流；水泵利用 $g(z_2 - z_1)$ 项可以提高水流水位；而热机利用 w_s 项对外作功。但 $(p_2 v_2 - p_1 v_1)$ 项与其他项不同，它是维持流体所必须支付的流动功，在工程中不能直接利用。所以工程热力学中将后面三项之和总称为技术功 w_t，即

$$w_t = \frac{1}{2}(c_2^2 - c_1^2) + g(z_2 - z_1) + w_s \tag{7-20}$$

稳定流动能量方程式的导出，除了应用稳定流动的条件外，别无其他限制条件，因此

适用于稳定流动的任何过程。

在研究有关流动的问题时，u 和 pv 常同时出现，由焓的定义式 $h = u + pv$ 代入稳定流动能量方程式（7-18）可得

$$q = (h_2 - h_1) + \frac{1}{2}(c_2^2 - c_1^2) + g(z_2 - z_1) + w_s \tag{7-21}$$

将技术功 w_t 代入式（7-21）可得

$$q = h + w_t \tag{7-22}$$

上面的式子称为用焓来表示的热力学第一定律解析式。

四、稳定流动能量方程式应用举例

许多热力设备在不变的工况下运行时，工质的流动可看做稳定流动，因而可以应用稳定流动的能量方程分析过程中能量转换的一般规律。

但对具体问题，要根据实际过程，可将某些次要因素略去不计，使能量方程更为简单。现以下面例子说明稳定流动能量方程的具体应用。

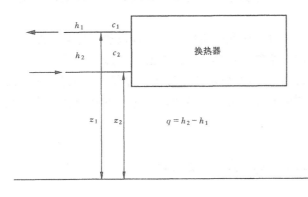

图 7-18　热交换器的能量交换

（一）热交换器

热交换器能量交换，如图 7-18，工质流经热交换器时和外界有热量交换而不做功，故 $w_s = 0$；位能差和动能差很小可忽略不计，即

$$\frac{1}{2}(c_2^2 - c_1^2) \approx 0, \ g(z_2 - z_1) \approx 0$$

因此，稳定流动的能量方程简化为

$$q = h_2 - h_1 \tag{7-23}$$

可见，工质在热交换器中吸入的热量等于其焓的增量。

（二）泵与风机

风机的能量转换，如图 7-19，工质流经泵和风机时消耗外功而使工质压力增加，外界对工质做功（$-w_s$）；一般情况下，进、出口动能差和位能差可忽略，即

$$\frac{1}{2}(c_2^2 - c_1^2) \approx 0, \ g(z_2 - z_1) = 0$$

而对外散热也很小，可以忽略，即

$$q \approx 0$$

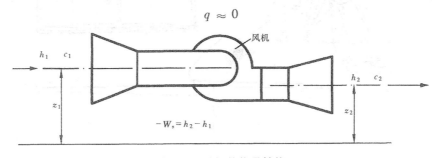

图 7-19　风机的能量转换

由此，能量方程简化为

$$-w_\mathrm{s} = h_2 - h_1 \tag{7-24}$$

即工质在泵和风机中被压缩时，外界所消耗的功等于工质焓的增加。

通过上述各例的分析可以看出，在不同的条件下，稳定流动能量方程式可以简化为不同的形式。因此，如何根据过程进行的具体情况，正确地提出相应的简化条件，是正确应用这个方程的前提。

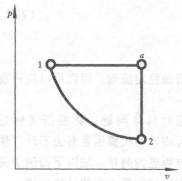

图 7-20　思考题 2 图

思　考

1. 下列说法是否正确，为什么？

(1) 任何没有体积变化的过程一定不对外作功；

(2) 气体膨胀时一定对外作功，气体压缩时一定消耗外功；

(3) 气体吸热一定膨胀，气体放热一定被压缩；

(4) 给气体加热，其内能必定增加。

2. 如图 7-20 所示的压容图，过程 1-2 与过程 1-a-2，有相同的起点与终点。试比较两过程的功谁大谁小？热量与内能的变化量呢？

第四节　热力学第二定律

物体间的热量传递，往往只能从温度较高的物体传到温度较低的物体，而空调房间室内温度低于室外温度，室内的热量为什么却能够转移到室外？如图 7-21。

图 7-21　室内的热量转移到室外

两个不同温度物体组成的孤立系统内物体间的传热现象，热力学第一定律只能说明一物体失去的热量正好等于另一物体吸收的热量，而哪个得到？哪个失去？这热传递过程进行到什么程度为止？这是热力学第一定律都不能解决。

一、自然过程的方向性

我们知道，A、B 两物体间的热量传递，只能自发地从温度较高的物体传到温度较低的物体，而且当它们的温度达到平衡时，传热过程也就终止而不能再继续进行了。这就是说，这种自发过程的进行具有一定的方向性，并且只能进行到一定的深度。

空气的自由扩散，如图 7-22，我们把隔板拿开时，左部分的空气会在整个容器里自由扩散；两部分气体的自由混合，如图 7-23，我们把隔板拿开时，左右两部分空气会混合在一起。可见，自由膨胀、不同气体混合等过程，都能自发产生。相反，自动压缩、混合物的分离等过程则不能自发进行。

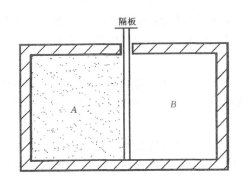

图 7-22　空气的自由扩散

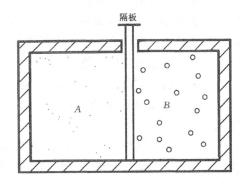

图 7-23　两部分气体的自由混合

当然，热量从低温物体传向高温物体的过程并非绝对不能发生，它只是不能自发地产生，必须要有消耗机械能而转变成热能的补充条件才能进行。这种需要有另外一个过程同时发生和进行来作为补偿的过程是一种非自发的过程。

在自然界中，非自发的过程是不能自动进行的。热量从低温物体传至高温物体的过程需要有机械能转变成热能的过程来补偿；热能转变成机械能的过程则需要有热量从高温物体传至低温物体的过程来补偿，这些补偿过程都是自发过程。

可见，一个非自发过程的进行要伴随一个自发的过程来作为补偿。

所以，在没有补偿的条件下，自然界的一切过程只能朝着自发的方向进行，这就是过程的方向性，任何过程都具有这种方向性。

二、热力学第二定律的实质和表述

根据实践经验总结归纳出热力学第二定律，它说明有关热现象的各种过程的进行方向、条件和深度等问题的规律，其中最根本的是关于方向的问题。

在历史上，热力学第二定律曾以各种不同形式予以表述，由于各种说法所表述的是一个共同的客观规律，因而它们彼此是等效的。

我们主要介绍克劳修斯说法：

"热量不可能自动（自发）地不付代价地从低温物体传到高温物体。"

它指出了传热过程的方向性，即从热量传递的角度表述了热力学第二定律：用简单的

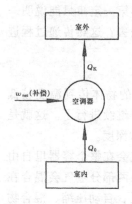

图 7-24 空调器的补偿

传热方法不可能使热量从低温物体传到高温物体；即使有机械帮助，若惟一的效果是由低温物体向高温物体传热，也是不可能的。

空调器的补偿，如图 7-24，空调器工作的结果，不仅把室内热量 Q_o 传送到室外，而且它所消耗的机械能 w_{net}，也变成热能（压缩机发热），一起传给了室外大气（$Q_k = Q_o + w_{net}$），要是没有这一功变为热的自发过程作补偿，制冷机是不可能使热量从低温物体传到高温物体的。

三、能量的品质

任何事物都是数量与质量的统一体。能量不仅具有数量，而且具有品质，热功转换过程以及传热过程的方向性，反映了不同的能量之间存在着质的差别。

能量品质的高低，体现在它的转换能力上，机械能或电能可以无代价地全部转换为热能，而热能却不能无偿地转换为机械能或电能。这说明机械能和电能的转换能力大于热能。也就是说，它们是一些更有价值的品质较高的能量形式。有时将电能、机械能称为高级能，而将热能称为低级能。

能量贬值，如图 7-25，当机械能（通过摩擦）或电能（通过电热器）自发转变为热能时，能的数量未变，而能的品质下降了或者说能量贬值了。这种效应常称为"耗散效应"。

此外，即使同为热能，当储存于不同温度的热源时，它们的质也不同。储存于高温热源的热能具有较高的品质。当热量由高温物体自动地传至低温物体时，同样也使能的品质下降了。

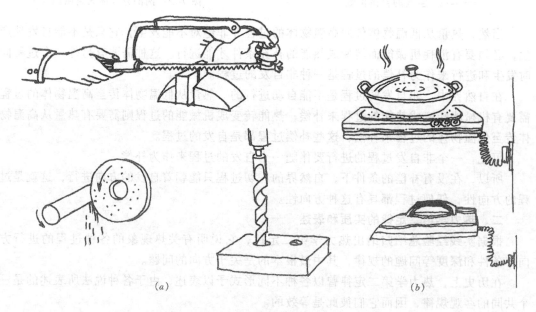

(a) (b)

图 7-25   能量贬值

(a) 机械能自发转变为热能；(b) 电能自发转变为热能

1. 热力学第二定律可否理解为："机械能可以全部转换为热能,而热能不可能全部转换为机械能",或"热量可以从高温物体传递给低温物体,而不能从低温物体传递给高温物体"?

2. 热力学第二定律能够解决什么问题?

第五节　湿　空　气

从空调房间出来时,戴眼镜的人就会发现镜片模糊,这是为什么? 图 7-26,为了得到干燥的空气,我们怎样除去空气里的水分?

(a)

图 7-26　结露

(a) 我的眼镜模糊了;(b) 为什么空调房间的玻璃窗上有小水滴

一、湿空气的状态参数

空气的主要状态参数有温度 (t)、压力 (p)、含湿量 (d)、焓 (h)、密度 (ρ)、比容 (v)、水蒸气的分压力 (p_q) 及相对湿度 (φ)。

(一)水蒸气的分压力

水蒸气单独占有湿空气的容积,并具有与湿空气相同的温度时,所产生的压力,称为水蒸气的分压力 p_q。大气压力是水蒸气的分压力与干空气的分压力之和。水蒸气的分压力的大小反映水蒸气含量的多少。

(二)含湿量

从大气中除去全部水蒸气和杂质时,所剩即为干空气。湿空气是由干空气和水蒸气组成的,其中每公斤干空气所含有的水蒸气量称为含湿量 d,即

$$d = \frac{G_q}{G_g} = \frac{\text{湿空气中水蒸气的质量}}{\text{湿空气中干空气的质量}} \quad (\text{kg/kg}_{da}) \tag{7-25}$$

脚标 da 表示干空气的英文（dry air）缩写。

若湿空气中含有 1kg 干空气及 d（kg）水蒸气，则湿空气质量应为（$1 + d$）（kg）。

（三）相对湿度

在一定的温度下，湿空气所含的水蒸气量有一个最大限度，超过这一限度，多余的水蒸气就会从湿空气中凝结出来。这种含有最大限度水蒸气量的湿空气被称为饱和空气。与之相对应的水蒸气分压力和含湿量，称做该温度下湿空气的饱和蒸汽分压力和饱和含湿量。它们随温度的变化而相应变化，如表 7-3 所示为空气温度与饱和水蒸气压力、饱和含湿量的关系。

所谓相对湿度 φ，就是空气中水蒸气分压力和同温度下饱和水蒸气分压力之比

$$\varphi = \frac{p_q}{p_{q,b}} \times 100\% = \frac{\text{空气的水蒸气分压力}}{\text{同温度下空气的饱和水蒸气分压力}} \quad (7\text{-}26)$$

空气温度与饱和水蒸气压力、饱和含湿量的关系　表 7-3

空气温度 t（℃）	饱和水蒸气分压力 $P_{q,b}$（Pa）	饱和含湿量（$B = 101325Pa$）d_b(g/kg_{da})
10	1225	7.63
20	2331	14.70
30	4232	27.20

相对湿度表示空气接近饱和的程度。φ 值小，说明空气饱和程度小，吸收水汽的能力强，φ 值大则说明空气饱和程度大，吸收水汽的能力弱。当 φ 为 100% 时，指的是饱和空气；反之，φ 为零，指的是干空气。

相对湿度和含湿量虽然都是表示空气湿度的参数，但意义却有不同：φ 能够表示空气接近饱和的程度，却不能表示水蒸气含量的多少；而 d 恰与之相反，能表示水蒸气的含量，却不能表示空气的饱和程度。

（四）湿空气的焓

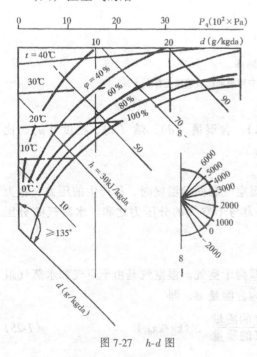

图 7-27　h-d 图

例如，1kg 干空气的焓和 d（kg）水蒸气的焓两者的总和，称为（$1 + d$）（kg）湿空气的焓。即湿空气的焓可表示如下

$$h = h_g + h_q \quad (\text{kJ/kg}) \quad (7\text{-}27)$$

式中　　h——湿空气之焓（kJ/kg）；

h_g、h_q——分别为湿空气里干空气的焓、水蒸气的焓（kJ/kg）。

在空调工程中，湿空气的状态变化过程属于定压过程，所以能够用空气状态前后的焓差值来计算空气热量的变化。

二、湿空气的焓湿图

湿空气的 h-d 图是研究和理解各种有关湿空气状态变化过程不可缺少的工具。

图 7-27 所示为 h-d 图。在 h-d 图中以湿空气的焓为纵坐标，以湿空气的比湿度 d 为横坐标，为了使曲线清楚起见，纵坐标与横

坐标的交角不是直角而是 135°，我们将斜角横坐标 d 的刻度投影到水平轴上。h-d 图中绘有下列各曲线。

1. 等焓线

等焓线是一束相互平行并与纵坐标成 135°（与水平线成 45°）的直线。

2. 等含湿量线

等含湿量线是一组与纵坐标平行的直线。

3. 等温线

$h-d$ 图上的等温线群为斜率不同的直线。由于斜率的影响不明显，它们又近似平行。

4. 等相对湿度线

等相对湿度线是向上凸出的曲线。

饱和湿空气线（$\varphi = 100\%$）将 h-d 图分为两部分，$\varphi = 100\%$ 线以上各点表示湿空气中的水蒸气是过热的，线以下各点表示水蒸气已开始凝结为水，故湿空气的 $\varphi > 100\%$ 并无实际意义，而 $\varphi = 100\%$ 线为露点的轨迹。

5. 水蒸气分压力与含湿量 d 的关系曲线

水蒸气分压力 p_q 仅取决于含湿量 d。因此可在 d 轴的上方设一水平线，标上 d 值所对应的 p_q 即可。

6. 热湿比线

在空调过程中，被处理的空气常常由一个状态变为另一个状态。在整个过程中，如果空气的热湿变化是同时进行的，那么，在 h-d 图上由状态 A 到状态 B 的直线连线就代表空气状态变化过程线。空气状态变化在 h-d 图上的表示如图 7-28 所示。为了说明空气状态变化的方向和特征，常用状态变化前后焓差和含湿量差的比值来表示，称为热湿比 ε。

$$\varepsilon = \frac{h_B - h_A}{d_B - d_A} = \frac{\Delta h}{\Delta d} \tag{7-28}$$

起始状态不同的空气只要斜率相同，其变化过程线必定互相平行。

h-d 图是在一定大气压下绘制的，不同的大气压力线图不同。图 7-27 及附图 1 中的 h-d 图为在 $p_b = 0.1\mathrm{MPa}$ 时画成的。通常的实际问题中，气压相差不大时用此图计算，误差不大。

三、干、湿球温度

在空调运行中，经常使用干、湿球温度计来测量空气的温湿度。

如图 7-29，干、湿球温度计是由两支相同的温度计组成。其中一支的感温包裹上脱脂棉纱布，纱布的下端浸入盛有蒸馏水的玻璃小杯中，在毛细作用下纱布经常处于湿润状态，将此温度计称为湿球温度计。

当空气相对湿度较低时，湿球纱布上的水分蒸发快，蒸发需要的热量多，水温下降得也愈多，因而干、湿球温差大。反之，如空气相对湿度大，则干、湿球温差小。当 $\varphi = 100\%$ 时，湿纱布上的水分不再蒸发，干、湿球温度也就相等了。

由此可见，在一定的空气状态下，干、湿球温度的差值反映了空气相对湿度的大小。

湿球温度在 h-d 图上的近似表示如图 7-30，原空气状态为 A，饱和空气状态为 B，空气由状态 A 变为状态 B 的过程，$A{\rightarrow}B$ 可近似认为是等焓过程。在 $h-d$ 图上由 A 点作等

焓线与 $\varphi = 100\%$ 饱和线交得 B，该点的温度即是湿球温度 t_{s}。

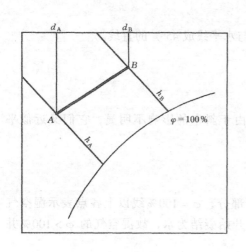

图 7-28　空气状态变化在 h-d 图上的表示

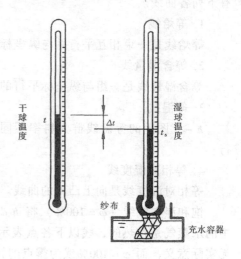

图 7-29　干、湿球温度计

四、露点温度

露点温度在 h-d 图上的表示如图 7-31，把不饱和状态的空气 A 沿等含湿量线冷却。当温度下降至 t_1 时，相对湿度达 100%，这时空气本身的含湿量也已饱和，如再继续冷却，则会有凝结水产生。由此可见，空气沿等含湿量线冷却，最终达饱和时所对应的温度 t_1 即为露点温度，而饱和点 C 称为露点。

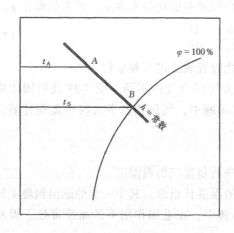

图 7-30　湿球温度在 h-d 图上的近似表示法

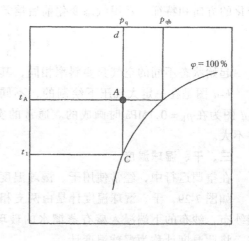

图 7-31　露点温度在 h-d 图上表示法

干、湿球温度确定空气状态。如图 7-32。

有效温度是一种综合指标，它结合干球温度、湿球温度和空气流速的效应来反映冷和热的感觉。同样舒适感觉，湿度越低，干球温度就需越高；湿度越高，干球温度就需越低。

根据规范，舒适性空调室内计算参数如表7-4。

舒适性空调室内计算参数　　表 7-4

	温度（℃）	相对湿度（%）	风速（m/s）
夏　季	24 ~ 28	40 ~ 65	≤0.3
冬　季	18 ~ 22	40 ~ 60	≤0.2

五、焓湿图的应用

$h - d$ 图不仅能确定空气的状态和参数，而且还能显示空气状态的变化过程，其变化过程的方向和特征可用热湿比 ε 值表示。图 7-33 绘制了空气状态变化的典型过程。现分述如下。

（一）等湿（干式）加热过程

空气调节中常用电热器来处理空气。当空气通过加热器时获得了热量，提高了温度但含湿量没有变化。过程线 $A \rightarrow B$。在状态变化过程中 $d_A = d_B$，$h_B > h_A$，故其热湿比 ε 为

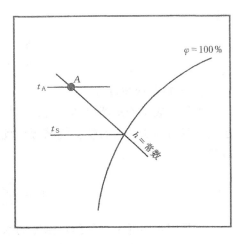

图 7-32　由干、湿球温度确定空气状态

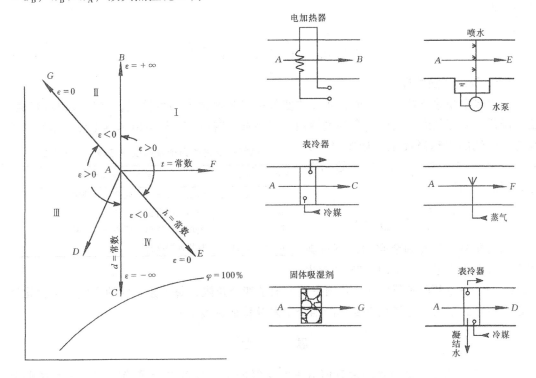

图 7-33　空气状态变化的典型过程

$$\varepsilon = \frac{\Delta h}{\Delta d} = \frac{h_B - h_A}{d_B - d_A} = \frac{h_B - h_A}{0} = + \infty$$

（二）等湿（干式）冷却过程

如果用表面式冷却器处理它，且其表面温度比空气露点温度高，则空气将在含湿量不变的情况下冷却，其焓值必相应减少。如图中 $A \rightarrow C$。由于 $d_A = d_C$，$h_C < h_A$，故热湿比

ε 为

$$\varepsilon = \frac{h_C - h_A}{d_C - d_A} = \frac{h_C - h_A}{0} = -\infty$$

（二）减湿冷却过程

如果用表面冷却器处理空气，当冷却器的表面温度低于空气的露点温度时，空气中的水蒸气凝结为水，从而使空气减湿，此过程线如图 $A \rightarrow D$，因为空气焓值及含湿量减少，故热湿比 ε 为

$$\varepsilon = \frac{h_D - h_A}{d_D - d_A} = \frac{-\Delta h}{-\Delta d} > 0$$

如果用水温低于空气露点温度的水处理空气，也能实现此过程。

（四）等焓减湿过程

用固体吸湿剂（如硅胶）处理空气时，水蒸气被吸附，空气的含湿量降低，空气失去潜热，而得到水蒸气凝结时放出的汽化热使温度增高，焓值基本不变，如图 $A \rightarrow G$ 所示。其中 ε 值为

$$\varepsilon = \frac{h_G - h_A}{d_G - d_A} = \frac{0}{d_G - d_A} = 0$$

（五）等焓加湿过程

用喷水室喷循环处理空气时，水吸收空气的热量而蒸发为水蒸气，空气失掉显热量，温度降低，水蒸气到空气中使含湿量增加，潜热量也增加，空气焓值基本不变，循环水将稳定在空气的湿球温度上。如图 $A \rightarrow E$ 所示。由于状态变化前后空气焓值相等，因而 ε 为

$$\varepsilon = \frac{h_E - h_A}{d_E - d_A} = \frac{0}{\Delta d} = 0$$

以上介绍了空气调节常用的五种典型空气状态变化过程。从图 7-33 可看出

空气状态变化的四个象限及特征表　　表 7-5

象限	热湿比	状态变化的特征
Ⅰ	ε > 0	增焓加湿升温（或等温、降温）
Ⅱ	ε < 0	增焓减湿升温
Ⅲ	ε > 0	减焓减湿降温（或等温、降温）
Ⅳ	ε < 0	减焓加湿降温

$\varepsilon = \pm \infty$ 和 $\varepsilon = 0$ 的两条线将 $h - d$ 图平面分成了四个象限，每个象限内的空气状态变化过程都有各自的特征，空气状态变化的四个象限及特征见表 7-5。

思　　考

1. 空气的相对湿度与含湿量有何区别？空气的干燥程度与吸湿能力的大小是由哪个量来反映？为什么？

2. 常见的工质有哪些？理想气体定律是什么？

3. 怎样利用比热进行热量计算？

4. 闭口系统与开口系统的能量方程各如何？

5. 如何绘制与应用焓湿图？

习　　题

1. 一定量的空气在标准状态下的容积为 $V_0 = 10^4 m^3$，问在 $p_1 = 745mmHg$、$t_1 = 20℃$ 状态下的容积是多少？若通过加热器加热到 $t_2 = 400℃$，压力不变（$p_1 = p_2$），其容积又是多少？

2. 已知空气的分子量为 28.96，空气可视为理想气体。求：

（1）空气的气体常数；

（2）在标准状态下空气的比容和密度；

（3）在 $p = 1 \times 10^5 Pa$，$t = 20℃$ 的状态下空气的比容、密度。

3. 在定压下将空气由 $t_1 = 25℃$ 加热到 $t_2 = 300℃$。空气流量折算到标准状态为 3500m³/h，用定值比热计算法求出每小时加给空气的热量。

4. 气体在某一过程中吸入热量 12kJ，同时内能增加 20kJ。问该过程是膨胀还是压缩？气体与外界交换的热量是多少？

5. 已知大气压力为 101325Pa，试在 $h - d$ 图上确定下列各空气状态并查出其他参数：

（1）$t = 22℃$，$\varphi = 64\%$；

（2）$h = 44kJ/kg_{da}$，$d = 7g/kg_{da}$；

（3）$t = 28℃$，$t_1 = 20℃$；

（4）$d_b = 14.7g/kg_{da}$，$\varphi = 70\%$。

第八章　换热过程

第一节　导　热

煮饭炒菜用的锅或铁铲，为什么它们的手柄往往是木料或塑料？如图 8-1。

一、基本概念

热量从物体中温度较高的部分传递到温度较低的部分，或者从温度较高的物体传递到与之直接接触的温度较低的另一物体的过程，称为导热。常见的导热如图 8-2。

图 8-1　绝热手柄

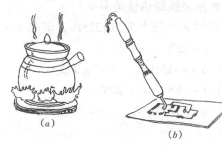

图 8-2　常见的导热

只要物体处于不同的温度下，热量总会自发地由高温物体传给低温物体，温差是热量传递的推动力。

我们普遍使用热流量与热流密度这两个概念来定量描述传热过程。热流量指单位时间通过某一给定面积的热量，用 Q 表示，单位为 W，热流密度指单位时间通过单位面积的热量，用 q 表示，单位为 W/m^2，单位长度热流量为 q_l，单位为 W/m。

某一瞬间空间所有各点的温度分布称为温度场。一般来说，它与时间和空间有关。其中最简单的情况是温度仅沿一个方向变化的一维稳定温度场。

具有稳定温度场的导热，叫做稳定导热。实际上，绝对稳定的温度场是不存在的，但是，如果所观察的时间间隔内，温度相对稳定，则可近似地当作稳定温度场。

导热系数 λ 的数值就是当物体内温度降为 1℃/m 时，单位时间内通过单位厚度的导热量。单位为 $W/(m \cdot ℃)$。所以，导热系数的大小标志了物质的导热能力。

不同物质其导热系数不同，即使是同一物质，导热系数 λ 还与物质的结构、密度、成分、温度和湿度有关。除绝热材料外，导热系数的大小一般按金属、非金属、液体及气体的次序排列。习惯上把导热系数 λ 小于 $0.12\ W/(m \cdot ℃)$ 的材料称为隔热材料。棉衣保暖如图 8-3。

常用的热绝缘材料有：岩棉、泡沫塑料、膨胀珍珠岩等。它们的导热系数处于 0.03 ~ 0.05 $W/(m \cdot ℃)$ 的范围内，是较好的热绝缘材料。随着科学技术的发展，热绝缘材料可分为三个档次供选用。

1. 一般性热绝缘材料：在大气压力下工作的疏松纤维或泡沫多孔材料。它是由发泡气体形成的。如聚氨酯泡沫塑料、聚苯乙烯泡沫塑料等。它们的性能取决于密度、泡内气体种类、气体性质及温度等，导热系数可达 $0.02 \sim 0.05$ W/(m·℃)。电冰箱的保温如图8-4。

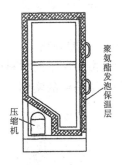

图 8-3　棉衣保暖
用棉花、毛做成棉衣、毛衣，可以御寒。

图 8-4　电冰箱的保温

2. 效果更好的热绝缘材料，有抽真空至10Pa的粉末颗粒材料；粒径小于 $10\mu m$ 量级的超细粉末如氧化镁、氧化铝、玻璃等。多孔和粉末层导热系数显著降低。

3. 效果最佳的高效多层真空热绝缘材料。高效多层真空绝热材料，是由多层低导热系数的玻璃布或铝箔复合结构组成。真空抽至 $0.01 \sim 0.001$ Pa，在 $300 \sim 80$K 温度下，导热系数为 $\lambda = 10^{-4}$ W/(m·℃)。

热绝缘技术，包括最优保温材料的选择、最佳保温层厚度的确定、先进的保温结构和工艺、检测技术及热绝缘技术经济评价方法等等。

在选用热绝缘材料时，必须注意热绝缘的重量、卫生性、受潮性、吸水性、机械强度、耐高温性、安装方便性、使用年限及能够就地取材等。

导热过程中物体内不同部位的温度各不相同，因而物体的导热系数 λ 是个变量。为便于研究问题，常用平均导热系数 λ_m。

二、平壁的稳定导热

（一）单层平壁的导热

如图8-5为单层平壁导热图。平壁左、右两外侧面温度均匀，分别为 t_1、t_2，且 $t_1 > t_2$，并不随时间变化，壁厚为 δ，求壁内的温度分布及通过平壁的热流量。

热流密度 q 与导热系数及平壁两表面的温差成正比，而与平壁厚度成反比，即为

$$q = \frac{\lambda}{\delta}(t_1 - t_2) = \frac{t_1 - t_2}{\frac{\delta}{\lambda}} = \frac{\Delta t}{\frac{\delta}{\lambda}} \quad (\text{W/m}^2) \tag{8-1}$$

与《物理》中的欧姆定律的表示式 $I = \frac{\Delta U}{R}$ 相类似，q 相当电流，Δt 相当电压，而 $\frac{\delta}{\lambda}$

相当电阻，故我们称 $\frac{\delta}{\lambda}$ 为平壁的热阻。热流密度 q 的大小与平壁两表面的温差（温压）

Δt 成正比，而与热阻$\frac{\delta}{\lambda}$成反比。

若平壁的导热面积为 A，则过 A 的热流量为

$$Q = qA = \frac{\lambda}{\delta}\Delta tA\ (\text{W}) \qquad (8\text{-}2)$$

从式（8-2）中可以看出，当 Δt 不变时，平壁愈薄、面积愈大、导热系数愈大，热流量 Q 也愈大；反之就愈小。

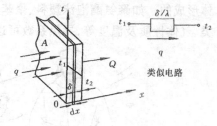

图 8-5 单层平壁导热图

（二）多层平壁的导热

多层平壁是由多层不同材料的平壁叠在一起组成的。建筑的围护结构如房屋的墙壁、屋顶等，都是多层平壁的实例。如图 8-6。

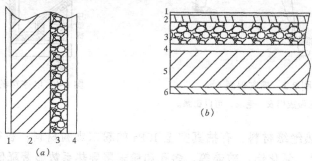

图 8-6 多层平壁实例（建筑的围护结构）

（a）保温外墙

1—水泥砂浆抹灰；2—砖墙；3—保温层；4—内粉刷

（b）保温屋面

1—防水层；2—水泥砂浆找平层；3—保温层；4—隔汽层；5—承重层；6—内粉刷

多层平壁导热图 8-7 表示了一个由三层不同材料构成的大平壁，各层的厚度分别为 δ_1、δ_2 和 δ_3，导热系数分别为 λ_1、λ_2 和 λ_3，且均为常数。已知壁的两表面各保持均匀稳定的 t_1 与 t_4，且 $t_1 > t_4$。若各层之间接合紧密，则相接触的两表面具有相同的温度，设两个接触面的温度分别为 t_2 和 t_3。在稳定情况下通过各层的热流密度 q 及热流量 Q 都是相同的，式中$\frac{\delta_1}{\lambda_1}$、$\frac{\delta_2}{\lambda_2}$、$\frac{\delta_3}{\lambda_3}$分别为Ⅰ、Ⅱ、Ⅲ层的平壁的导热热阻，而 $\frac{\delta_1}{\lambda_1} + \frac{\delta_2}{\lambda_2} + \frac{\delta_3}{\lambda_3}$ 是三层平壁的导热总热阻。即三层平壁导热的总热阻，等于串联着的各层平壁导热热阻之和，即为"串联热阻叠加原则"。于是，对于 n 层平壁的导热可直接可写出

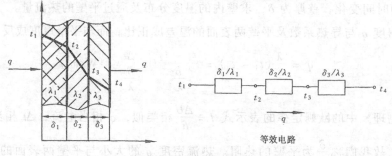

等效电路

图 8-7 多层平壁导热

$$q = \frac{t_1 - t_{n+1}}{\sum_{i=1}^{n} \frac{\delta_i}{\lambda_i}} \quad (\mathrm{W/m^2}) \tag{8-3}$$

式中 $t_1 - t_{n-1}$ 为 n 层平壁的总温差；$\sum_{i=1}^{n} \frac{\delta_i}{\lambda_i}$ 为 n 层平壁的总热阻。

由此可见，多层平壁的热流密度和它的总温差成正比，和它的总热阻成反比。

【例题 8-1】 炉墙内层为 460mm 厚的硅砖，外层为 230mm 厚的轻质黏土砖，内表面温度为 $t_1 = 1600℃$，外表面温度 $t_3 = 150℃$，设硅砖的导热系数 $\lambda_1 = 1.849\,\mathrm{W/(m \cdot ℃)}$，轻质黏土砖的导热系数 $\lambda_2 = 0.456\,\mathrm{W/(m \cdot ℃)}$，求热流密度 q 及硅砖与轻质黏土砖交界面的温度 t_2。

【解】 $q = \dfrac{t_1 - t_3}{\dfrac{\delta_1}{\lambda_1} + \dfrac{\delta_2}{\lambda_2}} = \dfrac{1600 - 150}{\dfrac{0.46}{1.849} + \dfrac{0.23}{0.456}} = 1933\,\mathrm{W/m^2}$

又 $q = \dfrac{\lambda_1}{\delta_1}(t_1 - t_2)$，所以

$$t_2 = t_1 - q\frac{\delta_1}{\lambda_1} = 1600 - 1933 \times \frac{0.46}{1.849} = 1600 - 480.9 = 1119.1℃$$

三、圆筒壁的稳定导热

大多数管道（蒸汽管道、水管道、热风道等）和设备（冷凝器、蒸发器及各种类型加热器等），都采用圆筒形的，所以必须了解圆筒壁的导热问题。

（一）单层圆筒壁

图 8-8 所示为单层圆筒壁导热，其材料的导热系数为 λ，长度为 l，内外直径（或半径）分别为 d_1、d_2（或 r_1、r_2），内外壁温各为 t_1、t_2，且 $t_1 > t_2$。当 l/d_2 大于 10 时，可看做一维温度场的导热问题。即

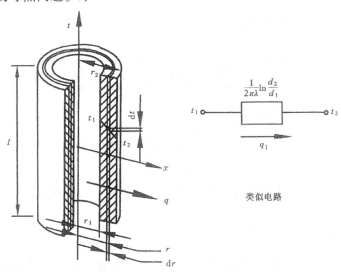

图 8-8 单层圆筒壁导热

$$q_l = \frac{Q}{l} = \frac{t_1 - t_2}{\dfrac{1}{2\pi\lambda}\ln\dfrac{d_2}{d_1}} \quad (\text{W/m}) \tag{8-4}$$

式中 $\dfrac{1}{2\pi\lambda}\ln\dfrac{d_2}{d_1}$ 就是单位长度单层圆筒壁的导热热阻。可见通过圆筒壁单位长度热流量 q_1 与温差（$t_1 - t_2$）成正比，而与热阻 $\dfrac{1}{2\pi\lambda}\ln\dfrac{d_2}{d_1}$ 成反比。

圆筒壁稳定导热时，沿半径方向传递的热流量 Q 不变，则圆筒壁单位长度热流量 q_l 也不变。

（二）多层圆筒壁

大多数圆筒壁是由几层不同材料组成的，如冷水管有保温层、防潮层、保护层等。管道保温如图 8-9。

多层圆筒壁导热图 8-10 所示的三层圆筒壁，每层半径分别为 r_1、r_2、r_3、r_4，每层材料导热系数为 λ_1、λ_2、λ_3，圆筒内外表面的温度为 t_1、t_4，且 $t_1 > t_4$。假定每层之间接触良好，界面上的温度为未知的，设为 t_2、t_3。

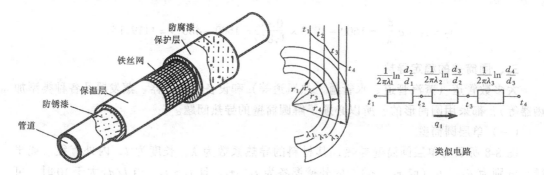

图 8-9　管道保温结构　　　　　　　图 8-10　多层圆筒壁导热

在稳定状态下求得单位管长的热流量

$$q_l = \frac{t_1 - t_4}{\dfrac{1}{2\pi\lambda_1}\ln\dfrac{d_2}{d_1} + \dfrac{1}{2\pi\lambda_2}\ln\dfrac{d_3}{d_2} + \dfrac{1}{2\pi\lambda_3}\ln\dfrac{d_4}{d_3}} \quad (\text{W/m}) \tag{8-5}$$

对于 n 层圆筒壁导热的计算公式为

$$q_l = \frac{t_1 - t_{n+1}}{\displaystyle\sum_{i=1}^{n}\dfrac{1}{2\pi\lambda_i}\ln\dfrac{d_{i+1}}{d_i}} \quad (\text{W/m}) \tag{8-6}$$

对于多层圆筒壁单位管长热流量和其总温差成正比，而和总热阻（每层热阻之和）成反比。

（三）圆筒壁导热的简化计算

圆筒壁的导热公式中包含对数项，计算时很不方便，实际计算经验表明，当 $\dfrac{d_1}{d_2} < 2$ 时，可将圆筒壁的导热计算用平壁导热计算代替，此时计算误差小于 4%，可以满足工程计算要求。多层圆筒壁导热的简化计算有下列公式

$$Q = \frac{\pi l(t_1 - t_{n+1})}{\sum\limits_{i=1}^{n} \frac{\delta_i}{\lambda_i d_{mi}}} \text{ (W)} \qquad (8-7)$$

思　考

1. 为什么多层平壁中温度分布曲线不是一条连续的直线而是一条折线? 见图 8-7。

2. 热阻是什么意思? 提出热阻的概念有什么重要意义?

3. 冬天, 用手接触相同温度的木块和铁块, 却感到铁块更凉, 这是为什么?

4. 在三层平壁的稳定导热问题中, 已经测得 t_1、t_2、t_3 和 t_4 依次 600℃、500℃、200℃和100℃, 试问哪一层壁的热阻最大? 哪一层的热阻最小? 为什么?

5. 试分析清洗冷水机组水垢对增强传热的重要性?

第二节　对流换热与热辐射

为什么天热的时候, 打开风扇吹风就会觉得凉快? 如图 8-11, 图 8-12。电冰箱的压缩机与冷凝器为什么要漆成黑色? 图 8-13。

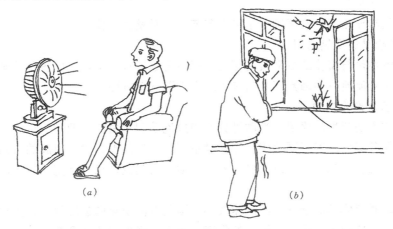

(a)　　　　　　　　　　(b)

图 8-11　常见对流换热

(a) 风扇转得越快就越凉快; (b) 冬天, 为什么开窗时就会觉得更冷?

一、对流换热

(一) 对流换热过程

对流是指流体各部分之间发生相对位移时的热量传递现象。由于流体质点的不断运动和混合, 把热由一处带到了另一处, 所以对流仅能发生在流体中。

对流换热如图 8-14, 运动着的流体与固体壁面相接触时, 由于有温度差而发生的两者之间的热交换现象, 称作对流换热过程, 简称放热。

对流换热过程的热量传递是靠两种作用完成的, 一方面是流体与壁面直接接触的导热及流体的导热作用; 另一方面还包括流体内部的对流传递作用。显然, 一切支配这两种作用的因素和规律, 如流动状态、流速、流体物理性质、壁面几何参数等等都会影响放热过程, 所以对流换热过程是一个远比导热复杂的物理现象。

图 8-12　辐射换热现象
为什么深夜的时候，人在旷野会觉
得比呆在小屋更冷？

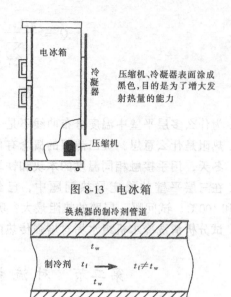

图 8-13　电冰箱

压缩机、冷凝器表面涂成
黑色，目的是为了增大发
射热量的能力

图 8-14　对流换热

对流换热与导热的根本区别在于存在着流体相对壁面的流动。

（二）影响对流换热的因素

由于对流换热与流体的流动紧密相关，因而凡是影响流动情况的各种因素必然会影响到对流。影响对流换热的因素归纳起来大致有以下五个方面。

1．流体流动产生的原因

按照流体流动产生的原因，流动可分为受迫流动和自由流动两类。

由于流体各部分温度不同致使流体密度不同所产生的浮升力而引起的自然对流，称为流体的自由运动；而凡是受泵或风机等外力推动而引起流体相对于壁面的运动，称为受迫运动。

自由运动时流体相对于壁面的流速较小，因此对流换热的强度较小；受迫运动时流体相对于壁面的流速较大，故对流换热的强度也较大。强迫对流如图 8-15。

2．流体流动状态的影响

层流边界层和紊流边界层具有不同的换热特征和换热强度。

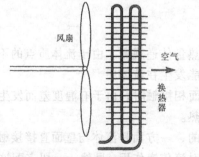

图 8-15　强迫对流
换热器（如空调器的蒸发器和冷
凝器）上装有风机等，就是为了强迫
对流，加强对流换热的效果

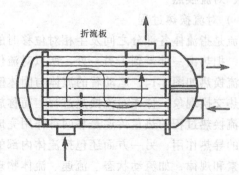

图 8-16　冷水机组换热器加装折流板

148

层流时主要以导热来传递热量，而紊流时除层流底层中是以导热方式来传递热量外，在紊流区还同时存在着流体微团掺混的对流作用。紊流时的对流换热量远多于层流时的对流换热量。如图 8-16 冷水机组换热器加装折流板，也能增加紊流程度。

3. 流体有无相变发生

这里指的相变是指在某些换热设备中，参与换热的液体因受热而发生沸腾，或参与换热的汽体（或水蒸气）因放热而发生凝结。

当对流换热过程中流体发生相变时，会与无相变的对流换热过程有很大的差别。一般来说，对同一种流体，有相变时的对流换热比无相变时强烈得多。

制冷循环中，制冷循环中的制冷剂相变。如图 8-17。

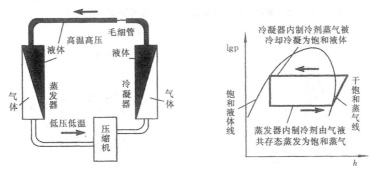

图 8-17　制冷循环中的制冷剂相变

4. 流体物理性质的影响

流体种类不同，物性不同。即使同一种流体，温度不同物性也会变化，这些都对放热具有影响。影响对流换热的物性主要是比热、导热系数、密度、黏度等。

导热系数较大的流体在层流底层厚度相同时，对流换热就强烈；比热和密度大的液体，载热能力强些，从而增强了流体与壁面之间的热交换；黏性大的流体其层流底层的厚度就较厚，因此减弱了对流换热。

在选用工质如制冷剂时，就要考虑到各物性的综合影响。

5. 放热面几何因素的影响

放热面几何因素主要指流体所触及的固体表面的几何形状、大小及流体与固体表面间的相对位置。放热面的形状和大小不同，就会影响流体在换热附近的流动情况，从而影响对流换热的强度。

例如，流体在管内流动和流体横向绕过圆管时的流动，流体接触壁面的几何形状不同。如图 8-18 所示为内流与外掠，显然这是两种不同的流动情况，换热规律也必定相异。

流体与固体表面间的相对位置也影响对流换热过程，如在平板表面加热空气作自然对流时，换热面朝上或换热面朝下空气流动的情况大不一样。如图 8-19 所示。

影响放热的因素很多，分析研究对流换热的变化规律时，必须综合考虑。

（三）对流换热的计算公式

对流换热过程是一个受到许多因素影响的复杂过程，目前无论哪种形式的对流换热均采用牛顿公式进行计算，即

$$Q = \alpha(t_w - t_f)A \quad (W) \tag{8-8}$$

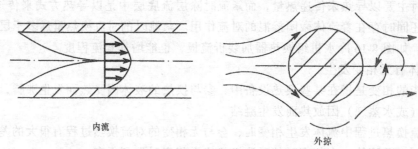

内流

外掠

图 8-18　内流与外掠

在管内层流流动时边界层一直发展到管子中心，不发生漩涡现象；而当流体横向绕过
圆管时，开始时边界层是层流，随后转为紊流，而在管的尾部出现漩涡

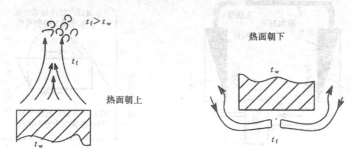

图 8-19　流体与固体表面间的相对位置的影响

热面向下时流动比较平静，气流中的扰动不如热面朝上时激烈，其
放热强度比热面朝上时小

热流密度为

$$q = a(t_w - t_f) = \alpha\Delta t \quad (W/m^2) \tag{8-9}$$

式中　t_w——固体壁表面温度（℃）；

　　　t_f——流体温度（℃）；

　　　A——与流体接触的壁面面积（m^2）；

　　　α——比例系数（$W/(m^2 \cdot ℃)$）。

比例系数 α 称对流换热系数，简称放热系数。当温差 $\Delta t = 1℃$ 时，α 与 q 在数值上相等。可见对流换热系数 α 在数值上等于温差为 $1℃$ 时，每平方米面积上每小时内所交换的热量。所以，对流换热系数是度量对流换热过程强烈程度的指标，放热过程越强烈，α 越大，在相同温差下所交换的热量就越多。

牛顿公式形式很简单，但并没有使对流换热计算问题得到简化，只是抓住了影响对流换热过程的最主要因素，即换热面积和流体与壁面的温差，而把其他的一切影响因素都归纳在放热系数 α 之中。

二、热辐射

（一）基本概念

当我们打开炉膛看火时立即感觉到热，这时候炉内的热量传递到人身上不可能是以导热（空气的导热性能差）或对流（炉膛内是负压，只有外面的冷空气进去）方式，那么热量是通过何种方式迅速的传到人的身上？热辐射如图 8-20。

热辐射是热量传递的三种基本方式之一，它与导热和对流的热传递方式有本质的区别，它不需要物体直接接触而进行热量传递。太阳辐射如图 8-21。

物体只要有一定温度，就不可避免地发出热辐射。由于电磁波的传播是以光速行进，而且不需要任何中介，所以辐射能也可以在真空中传播。辐射能在真空中传播如图 8-22。

（二）热辐射特点

热辐射过程有如下特点：

图 8-20　热辐射

图 8-22　辐射能在真空中传播
阳光能够穿越辽阔的太空向地
面辐射

图 8-21　太阳辐射
太阳一照射到人身上的时候，马上
有热的感觉？如果撑起太阳伞呢？

1．与导热和对流不同，热辐射是不依靠常规物质的接触而进行热量传递的，而导热和对流都必须由冷热物体直接接触，或通过中间介质相接触，才能进行热传递过程。

2．在热辐射过程中伴随着能量形式两次发生转化，即物体的一部分热能转化为电磁波能发射出去，并在真空中以光速传播，当此波能射到另一物体表面而被吸收时，电磁波能又转化为物体的热能。

3．热射线产生于物体内部电子的振动或激动，支配这种振动或激动的因素是物体的温度，故一切物体不论温度高低都在不停地发射电磁波，当两物体温度不同时，高温物体辐射给低温物体的能量大于低温物体辐射给高温物体的能量，因此总的效果是高温物体将能量传递给低温物体。辐射换热如图 8-23、高层建筑的辐射如图 8-24。

即使各个物体的温度相同，辐射换热的过程仍在不停地进行着，不过每个物体辐射出动的能量等于它从旁的物体吸收的辐射能量，这种情况称为热动平衡。

（三）影响热辐射的因素

1. 黑度或发射率 ϵ

与远房的窗户图 8-25 相似，投射到空腔壁上小孔的射线进入空腔后经过多次反射和吸收，可认为全部被吸收。人工黑体原理，如图 8-26，空腔壁上小孔就是这样具有黑体的特性。

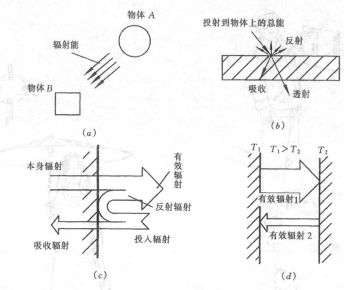

（a）

（b）

（c）

（d）

图 8-23　辐射换热

（a）物体间的热辐射；（b）落在物体上的辐射能的分配；（c）有效辐射；（d）辐射换热

图 8-24　高层建筑的辐射

超高层建筑没有周围建筑物与之相互辐射换热，深夜时，它只有向茫茫宇宙辐射，那么，它的夜间辐射损失就要考虑，这也是高层建筑空调负荷的一个特点

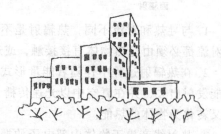

图 8-25　远房的窗户

白天，从远处看房屋的窗口，只见黑洞，这是由于可见光进入窗孔后，几乎反射不到人的眼帘

所谓黑体，就是将投射到它表面的热射线全部吸收的物体。实际物体的辐射力和同温

152

度下黑体的辐射力之比称为实际物体的黑度。黑度又称为发射率，图 8-27 为太阳能热水器。

同温度下黑体的辐射力最大。辐射力越大、吸收率就越大，即黑体的吸收率也是最大。当物体温度保持不变时，辐射换热量则与系统黑度成正比。物体表面黑而粗糙，发射

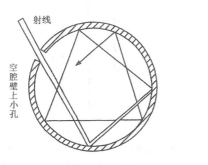

图 8-26　人工黑体原理

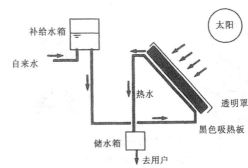

图 8-27　太阳能热水器

与吸收辐射热的能力就较强；物体表面白而光滑，发射与吸收辐射热的能力就较弱。在面积和表面温度一定时，要增强或削弱辐射换热，可以通过改变换热表面的黑度来实现。

例如为增强各种设备表面的散热能力，可在其表面涂上黑度较大的油漆；而在需要减少辐射换热的场合（如保温瓶胆夹层）则在表面镀上黑度较小的银、铝等薄层。热水瓶胆如图 8-28。

2. 温度

物体的温度越高，它所发出的辐射能就越大。当系统黑度不变时，辐射换热量与物体温度四次方之差成正比。

3. 几何关系

物体间辐射换热时，除了物体表面温度与黑度外，换热表面的尺寸、形状及相对位置对辐射换热有很大的影响。

相对位置对辐射换热的影响，如图 8-29，温度分别为 T_1 及 T_2 两表面的三种布置情况。在第一种布置中，由于两板十分靠近，每个表面发出的辐射能几乎全部落到另一板上；在第二种情况下每个表面发出的辐射能都只有一部分落到另一表面上，剩下的则进入空间中去；至于最后一种布置，则每个表面的辐射能均无法投射到另一表面上。显然，第一种情况下两板间的辐射换热量最大，第二种次之，第三种布置方式的辐射换热量等于零。

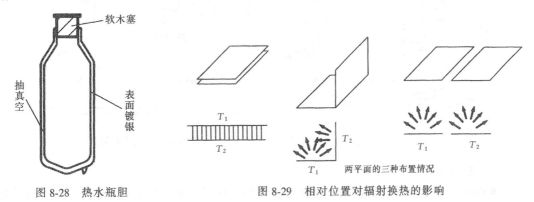

图 8-28　热水瓶胆　　　　　　图 8-29　相对位置对辐射换热的影响

表面形状对辐射换热的影响，如图 8-30，可以预料两平板间的换热量会比两圆管大。因为在两平板间每个表面发出的辐射能有比较多的部分可以落到另一表面上。

　　为了削弱表面之间的辐射换热，可以在换热表面之间插入薄板，这种被用来削弱辐射换热的薄板称为遮热板。遮热板如图 8-31 所示。

 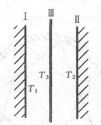

图 8-30　表面形状对辐射换热的影响
　　两根直径相等且平行放置的圆管与两块平行的平板，板的宽度等于圆管的周界，别的条件也相对应。

图 8-31　遮热板
　　两个无限大平行平壁Ⅰ和Ⅱ，当在两壁面之间加入遮热板后，由于遮热板并不发热或带走热量，它仅在热量传递过程中附加了阻力，使辐射换热削弱。

（四）地板辐射采暖介绍

　　地板辐射采暖技术早在 20 世纪初就已经在发达国家出现了。进入 20 世纪 60 年代，随着塑料工业的飞速发展，新型材料为此项技术提供了可靠的材料保证。由于该技术无论从采暖舒适度上，还是室内美观等多个方面有着传统散热器采暖方式无可比拟的优越性，在人们越来越重视生活质量的今天，地板采暖正在逐步被大家所认同。截止到 1997 年底，德国有 51% 的住宅建筑采用了地板采暖，这一数字法国是 30%，奥地利为 35%，瑞士为 58%，而近年新建的住宅，这个比例还要大。

　　地板采暖技术自 80 年代末进入我国，经过多年的探索，无论从设计、材料和施工安装等方面，该技术都日臻成熟，近两年来开始大面积在住宅中推广。

　　图 8-32 为普通暖气，图 8-33 为地板辐射采暖，图 8-34 为辐射板。与普通暖气相比，地板采暖技术具有以下的优点：

 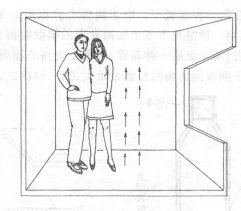

图 8-32　普通暖气

图 8-33　地板辐射采暖

1. 舒适、卫生

　　地板辐射是最舒适的采暖方式，室内温度均匀适度，室温自下而上递减，给人以足暖

154

头凉的良好感觉，因为没有对流，不会使尘埃散扬，室内空气十分洁净。

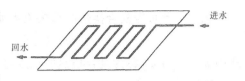

图 8-34　辐射板

2. 高效节能

（1）热量自下而上辐射，使热量有效地集中在人体活动区域，浪费少；

（2）辐射供暖方式供暖效果好，按 16℃ 参数选用相当于传统供暖方式 20℃ 的效果；

（3）热量低温传送，在输送的过程中热损失小；

（4）该技术可以充分利用余热水，节约能源。

3. 使用寿命长、安全可靠

所用聚乙烯管材，使用寿命可达 50 年，与建筑物等同；在施工中采用整管铺设，地表下无接口，无渗漏，安全可靠。

4. 便于室内装修

室内没有散热器和连接管路，不占任何室内空间，可节省 5% 左右的使用面积，更可以随心所欲地对室内进行装修，真正达到美化家居的愿望。

5. 运行费用低，热稳定性好

系统环节少，运行费用远低于其他供暖方式，是最为经济的供暖设备。

6. 热稳定性好

由于回填混凝土及面层蓄热量大，在间歇供暖的情况下，室内温度变化小。

思　　考

1. 冬天，在户外，为什么起风的时候我们更觉得冷？

2. 当进入与空气温度相同的水中，我们会觉得更热或更凉？为什么？

3. 挂窗帘为什么能减少太阳辐射？

4. 冷库外表面为什么往往做得又白又光滑？

第三节　稳　定　传　热

对于如图 8-35 空调房间，通过围护结构的换热，能否有简单的计算方法？

一、基本概念

把热量传递过程划分为导热、对流及热辐射三种基本传热方式主要是为了研究方便，而实际的热交换过程，往往是这三种方式同时起作用。

下面介绍稳定状况下以导热、对流换热及热辐射的不同组合形式出现的热量传递现象。

（一）复合换热

在工程实际中壁面与气体间的换热过程，除壁表面与气体间的辐射换热外，还存在壁表面与气体之间的对流换热。这种在物体同一表面上同时存在着对流换热和辐射换热的综合热传递现象，称为复合换热。

图 8-36 为复合换热示意图。把辐射换热量化成相当的对流换热量形式，可使计算公

式简化。由此可得复合换热的总热流密度为

$$Q = Q_{对} + Q_{辐} = \alpha \ (t_w - t_f) \tag{8-10}$$

式中 $\alpha = \alpha_{对} + \alpha_{辐}$ 称为复合换热的总放热系数，简称复合放热系数，它是对流放热系数与辐射放热系数之和。

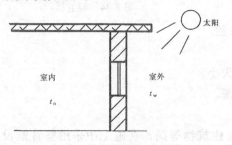

图 8-35　日射和室外气温的综合作用

空调房间通过外墙、屋顶和外玻璃窗与室外进行热量交换，整个换热过程都比较复杂。

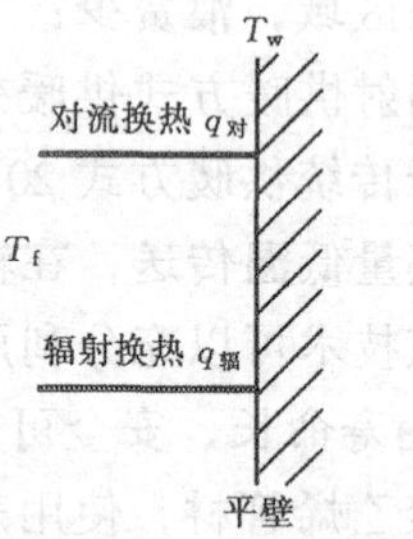

图 8-36　复合换热示意图

壁面与空气之间的对流换热和壁表面与周围环境之间的辐射换热热流量分别用 $Q_{对}$ 和 $Q_{辐}$ 表示。复合换热的总热流量为二者之和，即 $Q = Q_{对} + Q_{辐}$

复合换热计算时只要知道了复合放热系数 α 及温差 $(t_w - t_f)$，换热量就可以很方便的求得。在后面内容中出现的 α，如无特别说明都是指复合换热的总放热系数。

在一些复合换热的实际计算中，精度要求不太高，此时只要抓住其主要矛盾，可使计算简化。例如制冷系统中冷凝器中工质与壁面间的换热，由于蒸汽凝结时对流放热系数较大，而温度低辐射换热量很小，则把工质与壁面间的对流换热量看做总热流量。

（二）传热过程和传热系数

工程上所碰到的实际情况，往往是比复合换热更为复杂的传热现象，例如家用空调器的蒸发器与冷凝器，盘管内流动着制冷剂，而空气流过盘管外面，热量通过管壁在空气与制冷剂之间传递，其传热的方式如下：

室内：外界 $\xrightarrow{复合换热}$ 管外壁 $\xrightarrow{导热}$ 管内壁 $\xrightarrow{对流}$ 制冷剂

室外：制冷剂 $\xrightarrow{对流}$ 管内壁 $\xrightarrow{导热}$ 管外壁 $\xrightarrow{复合换热}$ 外界

热量从热流体传给冷流体时，两种传热方式同时都在起作用。

这种冷、热流体各处一方，中间有固体壁面隔开，热量从热流体穿过固体壁面传到冷流体的过程称为"传热过程"。

导热、对流或热辐射只是一般传热过程中的局部换热方式。在稳定的传热过程中，当两种流体的温差一定时，传热面积越大，热流量就越大；在同样的传热面积下，两种流体的温差越大，热流量就越大；而在一定的传热面积和温差下，热流量的大小则取决于传热过程本身的强烈程度。

传热过程中所包括的导热、对流和热辐射等局部换热方式都影响着传热过程本身的强烈程度。

为了在形式上使得计算公式简便，我们用一个考虑了上述各局部因素在内的系数 K 来表示传热过程的强弱程度，称它为"传热系数"。这样，稳定传热过程中的传热流量就

可用下式表示

$$Q = KA(t_{f1} - t_{f2}) \quad (W) \tag{8-11}$$

式中　A——传热面积（m^2）；

t_{f1}——热流体的温度（℃）；

t_{f2}——冷流体的温度（℃）；

K——传热系数（$W/(m^2 \cdot ℃)$）。

$\Delta t = (t_{f1} - t_{f2})$ 热流体与冷流体间的温差，又叫温压（℃）。

在式（8-11）中，当 $\Delta t = 1℃$、$A = 1m^2$ 时，在数值上 $Q = K$。即传热系数表示了温差为 $1℃$、面积为 $1m^2$ 条件下传热量数值的大小。传热系数愈大，表明传热能力愈大，传热过程就越强烈。

式中（8-11）称为传热方程式，在热工计算中应用很广。如果表示成热流密度量的形式，则式（8-11）可改定为

$$q = \frac{Q}{A} = K(t_{f1} - t_{f2}) = K\Delta t \quad (W/m^2) \tag{8-12}$$

由传热方程式可得

$$Q = \frac{\Delta t}{\dfrac{1}{KA}}$$

$$q = \frac{\Delta t}{\dfrac{1}{K}} \tag{8-13}$$

与直流电欧姆定律 $I = \dfrac{\Delta U}{R}$ 相比较，它们的形式也是完全相对应的。故我们把 $\dfrac{1}{KA}$ 和 $\dfrac{1}{K}$ 称为"热阻"，其中 $\dfrac{1}{KA}$ 表示整个传热面上的热阻，$\dfrac{1}{K}$ 表示单位传热面上的热阻。传热系数愈大，热阻就愈小，传过热流量就愈大。

冷负荷系数法计算空调负荷也就用到了式（8-9）。例如，知道了外墙的计算面积 A、传热系数 K、室内设计温度 t_{f2}，逐时温度 t_{f1}，就可以算出逐时冷负荷 Q。

二、通过平壁、圆筒壁、肋壁的传热

（一）通过平壁的传热

如图 8-37 所示，单层平壁的壁厚为 δ，材料的导热系数为 λ，壁的一侧有温度为 t_{f1} 的热流体，另一侧有温度为 t_{f2} 的冷流体。热流体一侧的总放热系数为 a_1，冷流体的一侧的总放热系数为 a_2。假设与热流体和冷流体相接触的壁面温度分别为 t_{w1} 和 t_{w2}。

对于稳定传热过程，显然从热流体到壁面所传递的热流量就等于通过固体壁所传递的热流量，也等于从壁面传入冷流体的热流量（这里假定散热损失不计）。即每个热传递途径所传递的热流量必须是相等的，否则各部分温度会不断上升或下降，这就不是一个稳定传热过程了。因此在整个传热过程中，传热流量 Q 在传热方向的任何断面积都相等。当然，热流密度 q 也相等。

热流密度为

$$q = \frac{t_{f1} - t_{f2}}{\dfrac{1}{\alpha_1} + \dfrac{\delta}{\lambda} + \dfrac{1}{\alpha_2}} \quad (W/m^2) \tag{8-14}$$

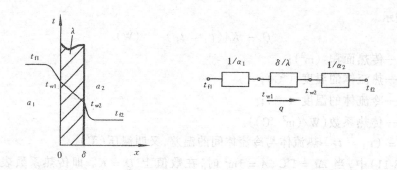

图 8-37　通过平壁的传热

所以

$$K = \cfrac{1}{\cfrac{1}{\alpha_1} + \cfrac{\delta}{\lambda} + \cfrac{1}{\alpha_2}} \quad W/(m^2 \cdot ℃) \tag{8-15}$$

一个传热过程至少包括三个串联的环节,而且其中的两个环节有流体参与换热,因而传热系数也是一个与过程有关的物理量。它的大小取决于两种流体的物理性质、流速,固体表面的形状,材料的导热系数等因素。

上述平壁的传热热阻为 $\dfrac{1}{K}$ 为管壁导热热阻 $\dfrac{\delta}{\lambda}$ 及复合换热热阻 $\dfrac{1}{\alpha_1}$ 和 $\dfrac{1}{\alpha_2}$ 的和,可见一个串联过程的总热阻,等于各串联环节的局部热阻总和。对于 n 层平壁则有

$$\frac{1}{K} = \frac{1}{\alpha_1} + \sum_{i=1}^{n} \frac{\delta_i}{\lambda_i} + \frac{1}{\alpha_2} \tag{8-16}$$

(二)通过圆筒壁的传热

1. 圆筒壁传热的特点和计算

单层圆筒壁的传热如图 8-38 所示,从管道上截取一段圆筒壁,设其内径与外径分别为 d_1 和 d_2,壁内侧热流体温度 t_{f1},壁外侧冷流体温度为 t_{f2}。壁内、外两侧放热系数分别为 a_1 和 a_2。管壁材料的导热系数为 λ。假设壁内、外表面温度为 t_{w1} 和 t_{w2}。

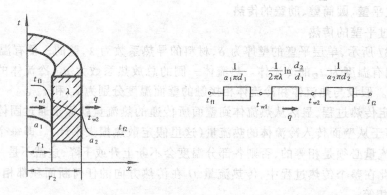

图 8-38　单层圆筒壁的传热

当整个体系达到稳定热状态时,在传热路径上由于传热面积由内到外逐渐增大,因而沿圆筒壁径向热流量 Q 不变的情况下,热流密度 q 的值却要发生变化。显然,在圆管外表面上的 q 最小,而通过内壁面的 q 最大。因此,热流密度是单位管长的热流量,即

$$q_l = \frac{Q}{l}$$

即

$$q_l = \frac{t_{f1} - t_{f2}}{\dfrac{1}{\alpha_1 \pi d_1} + \dfrac{1}{2\pi\lambda}\ln\dfrac{d_2}{d_1} + \dfrac{1}{\alpha_2 \pi d_2}}$$

$$= K_l(t_{f1} - t_{f2}) \quad (\text{W/m}^2) \tag{8-17}$$

所以单位管长的传热系数 K_l 为

$$K_l = \frac{1}{\dfrac{1}{\alpha_1 \pi d_1} + \dfrac{1}{2\pi\lambda}\ln\dfrac{d_2}{d_1} + \dfrac{1}{\alpha_2 \pi d_2}} \quad (\text{W}/(\text{m}^2 \cdot \text{℃})) \tag{8-18}$$

对于 n 层圆管壁则得

$$K_l = \frac{1}{\dfrac{1}{\alpha_1 \pi d_1} + \sum_{i=1}^{n}\dfrac{1}{2\pi\lambda_i}\ln\dfrac{d_{i+1}}{d_i} + \dfrac{1}{\alpha_2 \pi d_{n+1}}} \tag{8-19}$$

2. 圆筒壁传热公式的简化

圆筒壁传热计算公式中包含有对数项，使用并不方便。工程上为简便起见，当筒壁不太厚（$d_2/d_1 \leqslant 2$）或计算精度要求不高时，可将圆筒壁简化成平壁计算。此时计算公式有如下形式

$$\begin{aligned}
q_l &= \frac{Q}{l} = \frac{A_x K\Delta t}{l} \\
&= \frac{\pi d_x l K(t_{f1} - t_{f2})}{l} \\
&= K\pi d_x(t_{f1} - t_{f2}) \\
&= \frac{\pi d_x(t_{f1} - t_{f2})}{\dfrac{1}{\alpha_1} + \dfrac{\delta}{\lambda} + \dfrac{1}{\alpha_2}} \quad (\text{W/m})
\end{aligned} \tag{8-20}$$

式中，K 为按平壁计算出的传热系数，δ 为管壁厚度，A_x 为管壁的平均面积，d_x 为管壁的平均直径，其值可如下选取：

（1）$\alpha_1 \approx \alpha_2$ 时则 $d_x = \dfrac{1}{2}(d_1 + d_2)$；

（2）$\alpha_1 \leqslant \alpha_2$ 时则取 $d_x = d_1$；

（3）$\alpha_1 \geqslant \alpha_2$ 时则取 $d_x = d_2$。

这就是说应选用放热系数 a 较小一侧的直径来代替 d_x 的数值。这是由于放热系数小，表示热阻力大，它在传热过程中就起主要作用。故应考虑用它的直径作为计算的依据。

（三）通过肋壁的传热

从传热的基本方程可以知道，增加传热面积可以使传热增强，所以在要求增强传热的换热设备中，广泛在传热面上加装肋片的"肋壁"。

肋片的形状很多，根据需要可以装在管子的外面，也可以装在管子的内壁，可以作成直肋也可以作成环肋。肋片的典型构造如图 8-39。空调设备上的换热器就是应用肋片的例

子。常见换热器肋片如图8-40。

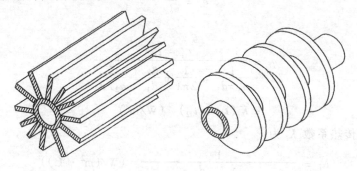

图 8-39　肋片的典型结构

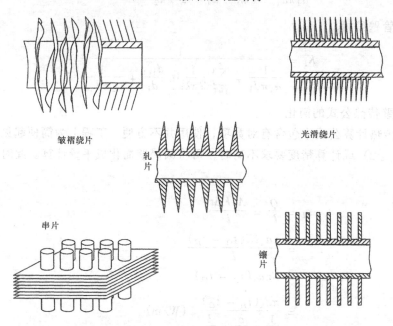

皱褶绕片　　　　　　　　　　　光滑绕片

轧片

串片

镶片

图 8-40　常见换热器肋片

加肋片后传热热阻减小，可使传热增强。通常肋片加在放热系数低的一侧，以取得较显著的增强传热的效果。还应该注意，只有当肋片与壁面紧密接触时，才能起到增强传热的作用。接触热阻如图8-41。

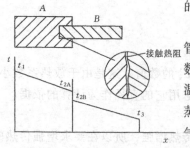

图 8-41　接触热阻

若接触不良，在壁面与肋片接合处产生较大的热阻，则肋片起不到应有的增强传热的作用

【例题 8-2】　一蒸汽管道直径为 0.2m，管壁厚 8mm。管外包有厚为 0.12m 的绝缘层，已知绝缘材料的导热系数 $\lambda_2 = 0.1$ W/（m·℃），蒸汽温度 $t_{f1} = 300$℃，周围空气温度 $t_{f2} = 25$℃。管材导热系数 $\lambda_1 = 45$ W/（m·℃），管内蒸汽与壁面间放热系数 $\alpha_1 = 120$ W/（m²·℃），管外壁与空气间的放热系数 $\alpha_2 = 10$ W/（m²·℃）。求单位管长的传热系数与绝热层外表面的温度。

【解】　　　　　　$d_1 = 0.2$m

$$d_2 = 0.2 + 0.008 \times 2 = 0.216\text{m}$$

160

$$d_3 = 0.216 + 0.12 \times 2 = 0.456\text{m}$$

$$K_l = \cfrac{1}{\cfrac{1}{\alpha_1 \pi d_1} + \cfrac{1}{2\pi\lambda_1}\ln\cfrac{d_2}{d_1} + \cfrac{1}{2\pi\lambda_2}\ln\cfrac{d_3}{d_2} + \cfrac{1}{\alpha_2 \pi d_3}}$$

$$= \cfrac{3.14}{\cfrac{1}{120 \times 0.2} + \cfrac{1}{2 \times 45}\ln\cfrac{0.216}{0.2} + \cfrac{1}{2 \times 0.1}\ln\cfrac{0.456}{0.216} + \cfrac{1}{10 \times 0.456}}$$

$$= 0.786\text{W/}(\text{m}\cdot\text{℃})$$

$$q_l = K_l(t_{f1} - t_{f2}) = 0.786(300 - 25) = 216\text{W/m}$$

$$t_{w3} = t_{f2} + \frac{q_l}{\alpha_2 \pi d_3} = 25 + \frac{216}{10 \times 3.14 \times 0.456} = 40\text{℃}$$

三、传热的增强与削弱

工程中遇到的大量传热问题，很多情况下涉及到如何增强或削弱传热的问题。

例如：如何提高换热设备（如蒸发器与冷凝器等）的换热能力；如何减少设备与输送管道（如电冰箱、冷冻水管与空调风管等）的热损失等。

由传热的基本方程 $Q = KA\Delta t$ 可以看出，传热量由三个因素决定，即冷、热流体间的温差 Δt，传热面积 A 和传热系数 K。改变其中任一因素都会对传热带来影响。下面具体分析增强和削弱传热的一些途径。

（一）传热的增强

增强传热是指根据影响传热的因素，采取某些措施以提高换热设备单位面积上的传热量。所以，增强传热是挖掘设备潜力、缩小设备体积、减轻设备重量的重要方法。

1. 提高传热系数 K

增强传热的积极措施是设法增大传热系数，减小传热热阻。

传热过程总热阻是各串联热阻的总和，当各局部热阻相差不多时，要想减少总热阻，则应当同时减小每一项局部热阻。

各类换热器的主要热阻多在气体侧、油侧和污垢层上，为此，应首先设法减少这些地方的局部热阻，特别是水垢层，它的导热系数很小，即使污垢层很薄，它所产生的热阻力也很大。按热阻力来说，每1mm厚的水垢层约相当于40mm厚的钢壁。故污垢热阻的存在削弱了传热。如图8-42。

例如，中央空调器的水系统加装水处理设备，以及排污和冲洗等，都是减少换热设备污垢热阻的方法。

提高传热系数的具体方法很多，如改变流体的流动情况，增加流速和流体的扰动，以增强流体的紊流程度；正确安排换热面（如叉排布置等）等等，例如换热器加装风机也能提高传热系数 K。

2. 增大传热面积 A

在某些情况下提高传热系数比较困难，这

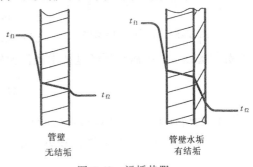

图 8-42　污垢热阻

时可以用增加换热面积的办法来强化传热，如应用肋化的方法来增加放热系数较小的一边的换热面积，从而达到增强传热的目的。如前面提起的空调的换热器如图 8-40。

3. 增大传热温差 Δt

提高传热温差的途径有两条：一是提高热流体温度或降低冷流体温度，例如空气冷却器中降低冷却水的温度等，可以直接增加传热温差；另一方面换热器中两种流体之间的平均温差还与流体流动方式有关。如图 8-43 水冷却塔，换热时，水与空气两流体的相对流动采用逆流方式也是提高传热温差的有效途径。

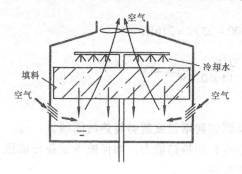

图 8-43　水冷却塔

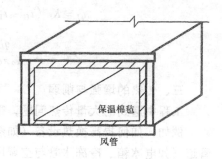

图 8-44　风管内保温结构

（二）传热的削弱

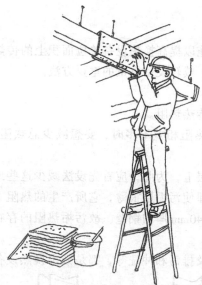

图 8-45　给风管加保温层

削弱传热可用减少传热系数 K、减少传热面积 A 和减少冷热流体间的温差 Δt 等方法来达到。

在通常的固定设备中则只有用减少传热系数 K 的方法来削弱传热。和前面所分析的增强传热的方法相反，要想减少传热系数 K 就必须增加热阻，这时只要增加各部分热阻中任何一项就够了。最简单的办法就是在壁面上附加一层热绝缘层以增加热阻，达到隔热的目的。如图 8-9、图 8-44。

所谓热绝缘层是指一切用来减少与外界进行热量传递的辅助层，如天然石棉、石棉制品、矿渣棉、泡沫塑料和膨胀珍珠岩等导热性能差的材料，都可用来做热绝缘层。如图 8-45，就是对空调系统风管加保温层。

热绝缘的厚度也并不是愈厚愈好，因为随着热绝缘层厚度的增加虽然热损失降低，但装置投资费和折旧费却增加了。因而必须经过技术经济比较，选择最经济合理的热绝缘厚度。

思　考

1. 如何理解复合换热与传热过程？
2. 说出增强与削弱传热的方法，并举出生活中的例子。

第四节 换 热 器

对不同换热需要，所选用换热器的换热面积会是一样的吗？型号会是一样的吗？

一、换热器及其分类

换热器是实现两种（或两种以上）温度不同的流体相互换热的设备。在换热器里，热量由一种流体传给另一种流体，结果使得热流体被冷却，冷流体被加热，所以换热器是实现加热或冷却过程的一种设备。

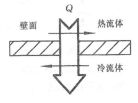

图 8-46 表面换热器
换热原理

表面式换热器冷、热流体同时在换热器内流动，但冷、热两种流体被壁面隔开，互不接触。热量由热流体通过壁面传给冷流体

制冷系统中的冷凝器、蒸发器、冷却设备以及空气热处理中的喷水室、表面空气热交换器、热回收设备等等，都是换热器。尽管换热器的形式繁多、功用不一，但就其工作过程的基本原理来说，可以分为两种类型。

（一）表面式换热器

表面换热器换热原理如图 8-46 所示。

制冷系统换热设备大多是这种表面式的换热器，如冷凝器、蒸发器、回热器等。

由于表面式换热器具有冷、热流体互不掺混的特点，所以这种类型的换热器应用最为广泛。

从结构上来说，表面式换热器又可分为壳管式、套管式、肋片管式、板翅式等等。常见的表面式换热器如图 8-47。

（二）混合式换热器

混合式换热如图 8-48。热量传递的同时伴随着质量的交换或混合，所以它具有传热速度快、效率高、设备简单等优点。如图 8-49 为空调装置中的喷水室、前面图 8-43 制冷装置中的冷却塔、两级压缩式制冷中的中间冷却器等，都属于这种类型。

二、表面式换热器的传热计算公式和平均温差

（一）热计算公式

表面式换热器的传热计算可分两种情况，即设计计算和校核计算。

在设计热交换器时，计算目的是要确定换热面积。对已制成的换热器，换热面积是已知的，校核计算的目的就在于确定换热量和求出冷、热流体的出口温度。

这两种计算所使用的基本方程式均为传热方程式和热平衡方程式。

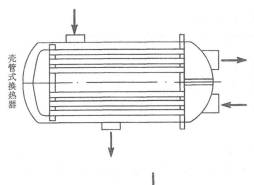

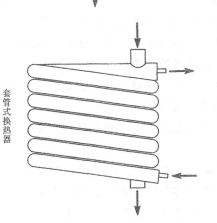

图 8-47 常见的表面式换热器

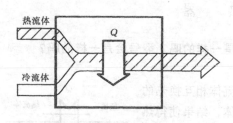

图 8-48 混合式换热

混合式换热器热量的交换是依靠热流体
和冷流体直接接触和互相混合来实现的

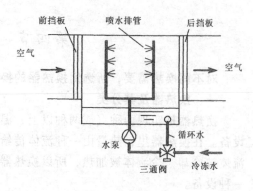

图 8-49 喷水室

1. 热平衡方程式

在没有热损失的情况下，换热器冷流体吸收的热量应等于热流体放出的热量。设以 t'_1、t''_1、m_1 和 c_1 分别表示热流体的进、出口温度、质量流量和比热；以 t'_2、t''_2、m_2 和 c_2 表示冷流体的进、出口温度、质量流量和比热。

两种流体进行热交换时，热流体失去的热流量为

$$Q_1 = m_1 c_1 (t'_1 - t''_1)$$

冷流体得到的热流量为

$$Q_2 = m_2 c_2 (t''_2 - t'_2)$$

若不考虑热交换器的损失，则 $Q_1 = Q_2 = Q_0$。所以得热平衡方程式为

$$m_1 c_1 (t'_1 - t''_1) = m_2 c_2 (t''_2 - t'_2)$$

令
$$m_1 c_1 = W_1, m_2 c_2 = W_2$$

W_1 和 W_2 分别称为单位时间内流过热、冷流体的热容量。上述热平衡方程式则可写为

$$W_1 (t'_1 - t''_1) = W_2 (t''_2 - t'_2) \tag{8-21}$$

可见，冷、热两种流体的温度变化和流体各自的热容量反比。

2. 传热方程式

换热器的传热方程式为

$$Q = KA(t_1 - t_2) = KA\Delta t_m \tag{8-22}$$

式中 A 为换热器的面积，K 为换热器的传热系数。各种换热器精确的 K 值应由实验确定。热交换器经过一段时间运行后，换热面两侧常会积有各种污垢、泥垢、油垢、灰尘等，这些污垢层都构成了附加的导热热阻，减少了传热系数的数值。

污垢形成的原因很多，与流体流速和清洗程度、换热面的材料和表面情况以及是否经常清洗等等有关，因而实际上垢层的厚度是很难确切知道的。

我们在实际计算中，并不采用计算垢层实际导热热阻的办法，而是采用附加一项由经验所得的污垢热阻来考虑它对传热的影响。

传热方程式中的 $(t_1 - t_2)$ 表示冷、热流体的温差。因为冷、热两种流体沿传热面进行热交换，其温度沿流动方向不断变化，因此冷、热流体间的温差也是不断变化的。所以我们只能取其平均温差，以 Δt_m 来表示。下面我们来讨论平均温差的计算方法。

（二）平均温差的计算

1. 冷、热流体的流动方式对温度变化的影响，如图 8-50。

图 8-50　冷、热流体的流动方式

在表面式换热器中，因两种流体的流向不同，流体可形成三种流动方式

顺流：在换热器里，热流体和冷流体朝着同一个方向流动；

逆流：在换热器里，两种流体平行流动但方向相反；

叉流：冷、热流体在相互垂直的方向上作交叉流动。

以上三种流动方式是三种典型的情况，其他各式各样的流动都可以看成是这三种情况的组合。

顺流和逆流是冷、热流体在表面式换热器中的两种最基本的流动方式，现在我们将这两种流动方式的温度变化加以比较。

温度分布曲线图 8-51 中横坐标表示换热面积 A，纵坐标表示工作流体温度。四对曲

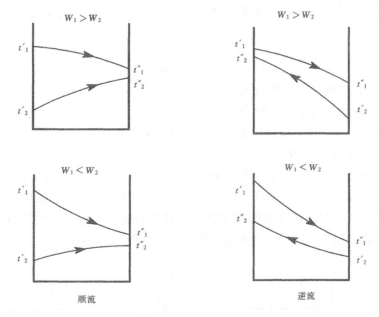

图 8-51　温度分布曲线

根据冷、热流体的流动方式及 W_1 和 W_2 的大小，得到的沿全部换热面的温度分布的四对曲线

线是根据流体热容量与温度变化成反比的关系绘成的。从图上可以看出，顺流时冷流体的终温度 t''_2 永远要低于热流体的终温度 t''_1；而逆流时冷流体的终温度 t''_2 可能超过热流体的终温度 t''_1。因此，对于初温度相同的冷流体，采用逆流方式比采用顺流方式能把冷流体加热到更高的温度。

另外，在一定的进、出口温度下，逆流的平均温差比顺流大。因此，当传递一定热量

Q，采用逆流时换热面积 A 就比较小，因而换热器的体积可减小；当换热面积一定时，采用逆流则比顺流能传过更多的热量，即换热器的传热能力提高了。换热器一般总是尽可能采用逆流或接近逆流的方式布置。

逆流布置也有它的缺点，即冷、热流体的最高温度发生在换热面的同一端，使此处管壁温度比顺流时要高得多，不利于安全运行。以致必须采用耐热性能较好的合金铜，因而提高了换热器的造价。

2. 顺流和逆流时平均温差的计算

平均温差是指热流体和冷流体之间的温度差沿整个换热面（温度在随时变化）的平均值，用 Δt_m 表示。确定 Δt_m 的最简单的办法是采用进、出口处两流体温度差 $\Delta t'$ 和 $\Delta t''$ 的算术平均值，即

$$\Delta t = \frac{\Delta t' + \Delta t''}{2} \tag{8-23}$$

算术平均温差求法简便，但它未能反映出温度变化的实际情况，具有一定的误差。只有在冷、热流体间的温度差沿换热面变化不大时，才可近似地用作传热温差。

在要求比较精确的计算中，应采用对数平均温差作为传热温差。对数平均温差是根据温度变化规律推导出来的。不论对顺流或逆流，对数平均温差公式均可用下式来表示

$$\Delta t_m = \frac{\Delta t_{大} - \Delta t_{小}}{\ln \dfrac{\Delta t_{大}}{\Delta t_{小}}} \tag{8-24}$$

式中　$\Delta t_{大}$——代表两端温差中较大者；

　　　$\Delta t_{小}$——代表两端温差中较小者。

对数平均温差值也是近似的，但对工程计算已足够准确。

3. 其他流动形式的平均温差

在各种流动类型中，逆流时平均温差最大，顺流时的平均温差最小，而其他各种流动方式都介于逆流和顺流之间。如图 8-52 所示。这些混合流动的平均温差需要很复杂的数学演算才能求出。一般先计算出按逆流方式布置的对数平均温差，然后乘以温差修正系数，即得实际流动的平均温差。有关值从图中曲线查得，在此不述。

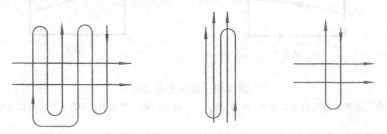

图 8-52　其他流动方式

三、表面式换热器传热计算的基本方法

不论是换热器的设计计算还是校核计算，从原理上看，都可以归纳为平均温压法和传热单元数法，我们简要介绍平均温压法。

平均温压法常用于换热器的设计计算，其具体计算步骤如下：

1. 已知条件由热平衡方程式求出另一个求知温度；

2. 由冷、热流体的四个进、出口温度求出平均温差，注意保持修正系数具有合适的数值，一般大于 0.8；

3. 布置换热面，并计算相应的传热系数；

4. 由传热方程式 $Q = KA\Delta t_m$ 求出所需的换热面积 A，并核算两侧流体的流动阻力，如流动阻力过大，则应改变方案重新设计。

换热器的设计切忌不顾实际条件片面追求高传热性能，盲目提高传热强度。必须全面综合考虑。例如提高流速可以增大传热系数，减少换热面积，从而减小外形尺寸，节约材料，降低初投资费用。但此时阻力增加，使泵或风机功率过大，运行费用提高。

一台好的换热器，应该在满足设计所给定的任务情况下，消耗单位泵功所传递的热量，以及每单位重量和每单位体积换热元件所传递的热量愈大愈好。此外，还应满足成本低，易维护和工作可靠等要求。

换热器计算比较复杂，除传热计算、流动计算外，还必须对各种方案进行经济性比较，以求设计的最佳化，目前已广泛采用电子计算机进行换热器的最佳化计算。

四、换热器计算实例

【例题 8-3】 一逆流套管式换热器，冷流体为水，温度由 37.8℃ 加热到 71.1℃，流量为 0.793kg/s，比热 $c_2 = 4.18$kJ/（kg·℃）。热流体为油，温度由 110℃ 降到 65.5℃，比热 $c_1 = 1.89$kJ/（kg·℃）。总传热系数已知为 340W/（m² ·℃），求传热面积。

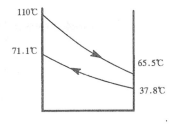

图 8-53　例题 8-3

【解】 本题属于设计计算，用平均温压法。

总传热量为
$$Q = m_2 c_2 (t''_2 - t'_2)$$
$$= 0.793 \times 4.18(71.1 - 37.8)$$
$$= 110.4\text{kW}$$

参见图 8-53 所示的温度变化情况，得

$$\Delta t_大 = 110 - 71.1 = 38.9℃$$

$$\Delta t_小 = 65.5 - 37.8 = 27.7℃$$

对数的平均温差为 $\Delta t_m = \dfrac{\Delta t_大 - \Delta t_小}{\ln \dfrac{\Delta t_大}{\Delta t_小}} = \dfrac{38.9 - 27.7}{\ln \dfrac{38.9}{27.7}} = 33℃$

由传热方程 $Q = KA\Delta t_m$ 的传热面积为 $A = \dfrac{Q}{K\Delta t_m} = \dfrac{110.4 \times 10^3}{340 \times 33} = 9.84\text{m}^2$

思　　考

1. 说说常用的换热器类型及它们的特点。

2. 表面换热器冷热流体的流动方式为逆流时，有什么优缺点？

3. 一台理想的换热器应该是什么样的？

4. 热辐射与导热、对流换热有何区别？它的特点是什么？

第九章 制冷的基本原理

第一节 制冷剂与载冷剂

什么样的物质才具备有作为制冷剂的条件？各种制冷剂之间是否可以更换？每个空调房间都用制冷剂？如图9-1 (a)、(b)。

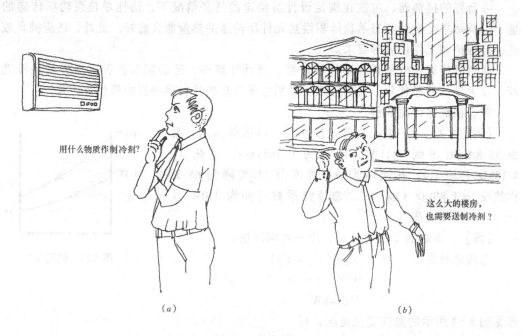

用什么物质作制冷剂？

这么大的楼房，也需要送制冷剂？

(a)　　　　　　　　　　　　　　　(b)

图9-1　制冷剂

一、制冷剂的种类

制冷剂是制冷系统中完成制冷循环所必须的工质。它的标准命名方法是用英文单词"制冷剂"（Refrigerant）的首写字母"R"作为制冷剂代号，在R后用规定的数字及字母来表示制冷剂的种类和化学构成等。例如R22。

目前使用的制冷剂有很多种，归纳起来可分四类：

1. 无机化合物

此类制冷剂如氨（R717），水（R718）。

2. 卤代烃（氟里昂族）

如氟里昂系列（R11、R22等）。

3. 多元混合溶液

多元混合溶液是由两种或两种以上的制冷剂按一定比例相互溶解而成的融合物。其中包括共沸溶液与非共沸溶液。

共沸溶液，目前实用的有 R500、R501、R502 等。

非共沸溶液，目前常见的非共沸溶液有 R12/R11，R12/R22，R12/R13 等。

4．烃类（碳氢化合物）

烃类制冷剂有烷烃类制冷剂（甲烷、乙烷），链烯烃类制冷剂（乙烯、丙烯）等。从经济观点看是出色的制冷剂，但易燃烧，安全性很差，用于石油化学工业。

二、对制冷剂的要求

制冷剂的性质将直接影响制冷机的种类、构造、尺寸和运转特性，同时也会影响到制冷循环的形式、设备结构及经济技术性能。因此，合理地选择制冷剂是一个很重要的问题。通常对制冷剂的性能要求从热力学方面、物理化学方面、安全性方面、全球环境影响方面和经济性方面等加以考虑。

（一）热力学方面的要求

1．要求沸点低

作为制冷剂，要求沸点低，是为了获得较低的蒸发温度。

2．要求临界温度高、凝固温度低

气体压力越小，其液化温度越低；压力增加，气体液化温度升高。温度升高超过某一数值时，即使再增大压力也不能使气体液化，这一温度叫做临界温度。在这一温度下，使气体液化的最低压力叫做临界压力。制冷剂蒸汽只有将温度降到临界点以下，才具有液化的条件。

我们常用的冷却介质是空气或水，制冷剂临界温度高，在常温条件下就能够液化，同时使制冷剂在远离临界点下节流而减少损失，提高循环的性能。

凝固点低，可使制冷系统安全地制取较低的蒸发温度，使制冷剂在工作温度范围内不发生凝固现象。

3．制冷剂工作压力要求如图 9-2。

（1）要求蒸发压力接近或略高于大气压力；以避免空气渗入制冷系统，提高制冷机的工作效率，减少相应的无效耗功；

（2）要求冷凝压力不能过高。冷凝压力低可降低对制冷设备、管道的强度要求和施工要求，减少制冷系统的建设投资和制冷剂向外泄漏的可能性；

（3）要求冷凝压力与蒸发压力的压力比 $\left(\dfrac{p_k}{p_0}\right)$ 和压力差 $(p_k - p_0)$ 小。这可使制冷设计上结构紧凑、简化；运行上轻便、平稳、安全。

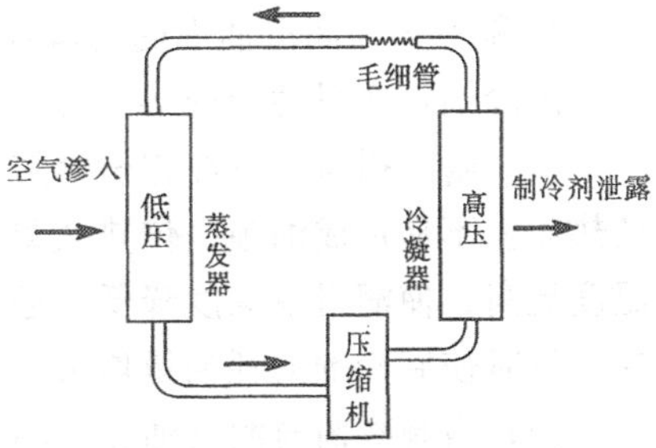

4．要求制冷剂的汽化潜热大

物体有固、液、气三态，三态之间的变化都伴随热量的转移，仅仅使物体温度变化而形态不变的热为显热；使物体形态变化而温度不变的热为潜热，潜热有汽化热、液化热、熔解热和凝固热等。

在一定的饱和压力下，制冷剂的汽化潜热大，可得到较大的单位制冷量。为得到相同的冷量 Q_0，可减少制冷剂的循环量。这样，可减少制冷机、设备的投资；可降低运行能

图 9-2　制冷剂工作压力要求

蒸发器压力高于大气压力，空气不渗入制冷系统；冷凝器压力高于大气压力，制冷剂向外泄漏

耗，提高制冷效率。

5. 要求合适的单位容积制冷量 q_v

单位容积制冷量 q_v 指制冷压缩机每输送 $1m^3$ 制冷剂蒸气（以吸气状态计）经循环从低温热源吸取的冷量。

对于大型制冷系统，要求制冷剂的单位容积制冷量 q_v 尽可能的大。在产冷量 Q_0 一定时，可减少制冷剂的循环量，从而缩小制冷机的尺寸和管道的直径。

但对于小型制冷系统，要求单位容积制冷量 q_v 小些，这样可不至于让制冷剂所通过的流道截面太窄。否则，制冷剂的流动阻力增大，制造加工困难。

6. 要求离心式制冷压缩机采用的制冷剂分子量大

因为分子量大其蒸气密度也就大，在同样的旋转速度时可产生较大的离心力，因而每一级所产生的压力比也就大。

（二）物理化学方面的要求

1. 要求制冷剂的黏度尽可能小

黏度小可以减少制冷剂在制冷剂系统中的流动阻力损失，并可缩小制冷系统管道直径，降低金属消耗量。黏度小也可增加制冷剂的传热性能。

2. 要求导热系数高

这可提高换热设备的传热系数，减少换热设备的换热面积。

3. 要求制冷剂的纯度高

所选用的制冷剂应无不溶性杂质、无污物、无不凝性气体、无水，并要求制冷剂具有一定的吸水性，这样，当制冷剂中渗进极少的水分时，不至于产生"冰塞"（低温下水结冰而堵塞制冷管路），影响制冷系统的正常工作。

4. 要求制冷剂的热化学稳定性好

制冷剂高温下不易分解，且与油、水相混合时对金属材料不应有明显的腐蚀作用。

5. 制冷剂在润滑油中的溶解性

制冷剂在润滑油中的溶解性可分为完全溶解、微溶解和完全不溶解。

（1）制冷剂与润滑油完全溶解时，能使机件润滑创造良好条件，在冷凝器等换热器的换热面上不易形成油膜，传热效果较好。但当制冷剂与润滑油互溶时，会使制冷剂的蒸发温度提高，使润滑油黏度降低，还会使制冷剂沸腾时泡沫增多，蒸发器中的液面不稳定及在运行时使制冷剂的耗油量增大，也使系统中的油不易排出。

（2）当制冷剂与润滑油完全不溶时，制冷系统的蒸发温度比较稳定，在制冷设备中制冷剂与润滑油易于分离，并在热交换器换热表面引成油膜而影响换热。

（3）微溶解于油的制冷剂的优缺点介于两者之间。

一般可认为 R717、R13、R14 等是不溶于油的制冷剂；R22、R114 等是微溶于油的；R11、R12、R21、R113 等是完全溶于油的。氟里昂制冷剂的润滑油中的溶解性随氯原子、溴原子个数的减少而增加。同时，制冷剂与润滑油的互溶性，除了与制冷剂的种类有关外，还与温度、压力、润滑油的成分有关。

（三）安全性方面的要求

1. 要求制冷剂在工作温度范围内不燃烧、不爆炸。应避免使用易燃和易爆炸的制冷剂，必须使用时，一定要有防火防爆安全措施。

2. 要求所选择的制冷剂无毒或低毒，相对安全性好。

3. 由于某些制冷剂带有一定的毒性和危险性，要求所选择的制冷剂应具有易检漏的特点，以确保运行安全。

4. 要求万一泄漏的制冷剂与食品接触时，食品不会变色、变味，不会被污染及损伤组织。空调用制冷剂应对人体的健康无损害，无刺激性气味。

（四）全球环境方面的要求

1. 要求制冷剂存在于大气层中的寿命要求低，以减少对臭氧层（大气层见图9-3）的分解；

2. 要求制冷剂对臭氧层潜在破坏效应要小；

3. 要求制冷剂全球温室潜在效应要低。

（五）经济性方面的要求

1. 要求制冷剂的生产工艺简单，以降低制冷剂的生产成本；

2. 要求制冷剂价廉、易得。

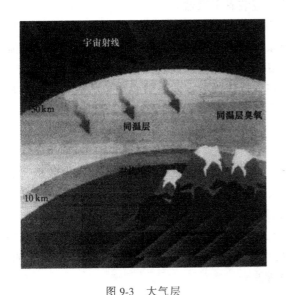

图9-3　大气层

臭氧占据距地球表面10到50km的大气位置，并且提供防止地球免受紫外线辐射的屏障。

图9-4　氨系统制冷系统检修

三、常用制冷剂

目前常用的制冷剂为氨和氟里昂：

（一）氨（NH_3，R717）

氨除了毒性大些以外，是一种很好的制冷剂，它的最大优点是单位容积制冷能力较大，蒸发压力和冷凝压力适中。当冷却水温高达30℃时，冷凝压力仍可不超过15bar（1bar = 10^5Pa），通常约12~13bar。蒸发温度只要不低于是－33.3℃，蒸发压力总大于1个大气压，不会使蒸发器形成真空。

氨的吸水性强，但要求液氨中含水量不得超过0.12%，以保证系统的制冷能力。氨几乎不溶于润滑油。对黑色金属无腐蚀作用，若氨中含有水分时，对铜和铜合金（磷青铜除外）有腐蚀作用。

氨的最大缺点是有强烈刺激作用，对人体有危害，见图9-4为氨系统制冷系统检修情况。目前规定氨在空气中的浓度不应超过 $20mg/m^3$。氨是可燃物，空气中氨的体积百分比达 16% ~ 25% 时，遇火焰就有爆炸危险。

一般人口密度大的地方，如宾馆、商场及剧院等公共场所，它们空调系统所需的冷水机组，都不采用氨制冷剂。

（二）氟里昂

氟里昂中，氢、氟、氯原子数对其性质影响很大。氢原子数减少，可燃性也减小；氟原子数增加，对人体越无害，对金属腐蚀性越小；氯原子数多，大气压下的蒸发温度升高。

大多数氟里昂本身无毒、无臭、不燃、与空气混合遇火也不爆炸，因此，适用于公共建筑或实验室制冷装置。

但是，氟里昂的放热系数低，价格较高，极易渗漏又不易被发现，而且氟里昂的吸水性较差，为了避免发生"冰塞"现象，系统中应装有干燥器。

氟里昂中不含水分时，对金属无腐蚀作用；含有水分时，能分解生成氯化氢、氟化氢，不但腐蚀金属，还可能产生"镀铜"现象。所谓"镀铜"现象，就是当氯化氢与铜制表面接触后，在一定条件下会产生氯化铜，氯化铜与热的铁制表面（曲轴、气缸壁、阀片等）接触，铜、铁离子相互置换，将铜沉淀在铁制表面上。发生镀铜现象将破坏气缸阀片的严密性和轴承与轴颈的间隙，对压缩机工作有不良影响。

常用几种的氟里昂性能如下：

1. 氟里昂12

氟里昂12在大气压下的沸点为 – 29.8℃，凝固点为 – 158℃。它的冷凝压力较低，当采用天然冷却水冷却时，冷凝压力不超过10bar，即使采用室外空气冷却（简称空冷）时，也只有12bar左右，故特别适用于小型空冷式制冷机组。

氟里昂12的最大缺点是单位容积制冷能力较小，因此，与同等制冷量的氨制冷机相比，无论是压缩机气缸尺寸、还是配管口径均比较大。此外，氟里昂12易溶于润滑油，为确保压缩机的润滑，应使用黏度较高的润滑油。

2. 氟里昂22

氟里昂22在我国空调用制冷装置中广泛采用，特别在立柜式空气调节机组和窗式空气调节器中用得更为普遍。氟里昂22的热力学性能与氨不相上下，而且安全可靠，故是一种良好的制冷剂；但是，对电绝缘材料的腐蚀性较 R12 为大。

（三）共沸溶液

1. R500

制冷剂 R500 是由质量百分比为 73.8% 的氟里昂12和 26.2% 的氟里昂152组成。与氟里昂12相比，使用同一尺寸压缩机时，制冷量约提高18%。

2. R502

制冷剂 R502 是由质量百分比为 48.8% 的氟里昂22和 51.2% 的氟里昂115组成。与氟里昂22相比，压力稍高，在较低温度下制冷能力约大13%。此外，在相同的蒸发温度和冷凝温度条件下，压缩比较小，压缩后的排气温度较低，因此采用单级蒸气压缩式制冷时，蒸发温度可低达 – 55℃左右。

（四）新制冷剂

氟里昂 134a 化学名称为四氟乙烷，它与 R12 具有较相似的热物理性质，而且消耗臭氧潜能 ODP 和温室效应潜能 GWP 均很低，并且基本上无毒性。它的安全性、来源可靠性和成本方面都具有较强的竞争力，因而被大多制冷设备厂商看好。以它为制冷剂的绿色环保冰箱将在不远将来进入千家万户。

制冷剂一般装在专用的钢瓶中，钢瓶应定期进行耐压试验。装存不同制冷剂的钢瓶不要互相调换使用，也切勿将存有制冷剂的钢瓶置于阳光下曝晒和靠近高温处，以免引起爆炸。如图 9-5 为制冷剂钢瓶。一般氨瓶漆成黄色，氟里昂漆成银灰色，并在瓶表面标有装存制冷剂的名称。氟里昂 11 和 113 则不用瓶装，而用铁桶盛贮。

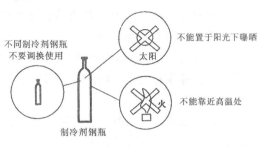

图 9-5　制冷剂钢瓶

四、制冷剂的更换

制冷剂种类虽多，由于性质各不相同，故适用于不同要求。

一台制冷机若改用制冷剂后，制冷循环的制冷量就会发生相应的变化。改用制冷剂后，还要考虑几个问题：

1．改用的制冷剂不能对制冷压缩机或设备材料有腐蚀；

2．改用制冷剂时，应相应更换润滑油；

3．改用制冷剂后，制冷压缩机结构亦作相应的考虑；

4．改用制冷剂时，应校核匹配电机的功率，应校核冷凝器、节流器、蒸发器的负荷，改换相应的种类、型号规格等；应相应改换制冷压缩机的密封结构与密封材料等；

5．改用制冷剂时，应考虑制冷压缩机和设备的强度，以及制冷压缩机运动部件的受力情况。

五、载冷剂

对于高级宾馆的众多客房及各类功能用房，是否就得需要大量的制冷剂呢？在食品工业中，为了防止有毒的制冷剂（如氨）与加工的食物直接接触，我们应该采用什么样的方法？

工业生产与科学试验工作中，常常需要用制冷装置间接冷却被冷却物，或者将制冷装置产生的冷量远距离输送，这时，均需要一种中间物质，在蒸发器内被冷却降温，然后再用它冷却被冷却物，这种中间物质称为载冷剂。

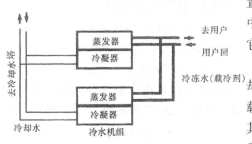

图 9-6　载冷剂

在大中型空调制冷装置中都是采用间接冷却，由于要求的蒸发温度高于 0℃，故常用的载冷剂是水，称为冷水，如图 9-6 为载冷剂，其作用就是在蒸发器中将自身的热量传给液体制冷剂，使其蒸发为气体制冷剂，而自身由于失热降低了温度。这种低温载冷剂就成为空调的冷源，用来降低空气温度。

载冷剂的物理化学性质应尽量满足下列要求。

1. 在使用温度范围内不凝固，不汽化。

2. 无毒，化学稳定性好，对金属不腐蚀。

3. 比热大，输送一定冷量所需流量小，温度变化不大。

4. 密度小，黏度小，可减少流动阻力。

5. 导热系数大，以减少热交换设备的传热面积。

6. 来源充裕，价格低廉。

当要求低于0℃的制冷系统，一般采用盐水，如氯化钠或氯化钙盐水溶液，或采用乙二醇、丙二醇等有机化合物的水溶液。由于盐水溶液对金属有强烈腐蚀，目前有些场合采用腐蚀小的有机化合物。

甲醇、乙醇、乙二醇、丙二醇、丙三醇等水溶液均可作为载冷剂。例如，丙二醇是极稳定的化合物，其水溶液无腐蚀性，无毒性，是良好的载冷剂。乙二醇水溶液特性与丙二醇相似，虽略带毒性，但无危害，价格低于丙二醇。此外，二氯甲烷在大气压下沸点较高，为40.3℃，且凝固点均在−100℃左右，所以，它不但是制冷剂，也可作为低温载冷剂，优点是低温下黏度较小。

思　　考

1. 常见的制冷剂有哪些？

2. 制冷剂与载冷剂有何区别？

3. 更换制冷剂要注意哪些问题？

第二节　单级蒸气压缩式制冷理论循环

完美的制冷循环应该如何？我们怎样判断制冷循环接近完美程度？制冷系统最基本的组成是什么？

一、逆向卡诺循环、热力完善度

（一）制冷系数

由热力学第二定律知道，依靠外界能量的补偿可使热量从低温热源传向高温热源，电冰箱与空调器等制冷设备，就是以压缩机消耗能量来实现这样的制冷循环过程，也就是所谓的逆向循环。如图9-7。

我们往往以制冷系数（ε或cop）来定义制冷循环的经济性。

所谓制冷系数，就是完成制冷循环时从被冷却系统中取出的热量（制冷量）Q_0与完成循所消耗的能（机械功W_{net}）之比值，亦称为性能系数，即

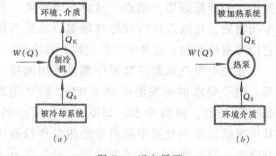

图9-7　逆向循环

（a）制冷循环；（b）热泵循环

$$\varepsilon = \frac{Q_0}{W_{net}} \qquad (9-1)$$

制冷系数 ε 是衡量制冷循环经济性的指标，制冷循环中所消耗的机械功或工作热能（吸收式制冷）越少，从低温热源中吸取的热量越多，则制冷系数 ε 值就越大，循环效率就越高。

原则上 ε 可大于 1、小于 1 或等于 1。但在通常的普冷工作条件下，ε 值总是大于 1。

平时在空调广告里所说的能效比，也就是制冷机在规定工况下制冷量与相应输入功率的比值，当然，能效比越大越好，能效比较大的离心式冷水机组，它的值 $cop \geqslant 4.4$。

（二）逆向卡诺循环

当一个过程进行完了以后，如能使工质沿相同路径，逆行回复至原来状态，并使整个系统与外界全部都回复到原来状态而不留下任何变化，这一过程就叫做可逆过程。反之，则为不可逆过程。

可逆过程具有的特点是：

1. 在过程进行时，工质内部及其外界恒处于平衡状态，故过程进行无限缓慢，且无任何摩擦现象；

2. 在变化期间，无任何能量的不可逆损耗。

在制冷循环中，各种形式的不可逆因素可分为两大类：

1. 制冷剂在循环中因摩擦、扰动、内部不平衡及不可逆压缩、节流等而引起的损失，属于循环的内部不可逆；

2. 蒸发器、冷凝器等换热设备及管路等有温差时的传热损失等，属于循环的外部不可逆。

逆卡诺循环是由互相交替的两个可逆绝热过程和两个可逆等温过程所组成的、在一个恒定高温热源和一个恒定低温热源间工作的逆向循环。并且制冷剂与高温热源、低温热源间的传热温差为无限小，即，$T_k = T_H$，$T_0 = T_L$。如图 9-8 为气相区逆卡诺循环。

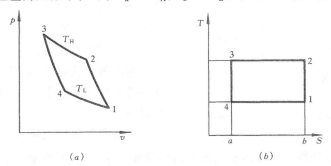

（a）　　　　　　　　（b）

图 9-8　气相区逆卡诺循环

T_k 为制冷剂向高温热源等温放热时的温度；T_0 为制冷剂从低温热源等温吸热时的温度；

T_H 为高温热源温度；T_L 为低温热源温度

逆向卡诺循环是可逆循环，亦称理想制冷循环。理论制冷循环和实际制冷循环则属于不可逆循环。

所有工作于同温热源和同温冷源之间的一切制冷循环，可逆制冷循环的效率最高，（制冷系数最大）；同温热源和同温冷源之间的一切可逆制冷循环，不论采用何种工质，它们的效率都相等。

可逆制冷循环的制冷系数最大即 $\epsilon_c = \epsilon_{max}$，说明在制取一定量的制冷量时，可逆制冷循环的耗功是最少的。

（三）热力完善度

通常将工作于相同高温热源、低温热源间的不可逆循环（理论循环、实际循环）的制冷系数与逆卡诺循环（理想制冷循环）制冷系数之比，称为该制冷循环的热力完善度。即

$$\beta = \frac{\epsilon}{\epsilon_c} \tag{9-2}$$

式中　β——热力完善度；

　　　ϵ——不可逆循环制冷系数；

　　　ϵ_c——同 T_H、T_L 间工作的逆卡诺循环制冷系数。

由于 $\epsilon_c > \epsilon$，所以 β 值总是小于 1 的。同时 β 值越大说明该循环的不可逆性越小，越接近于同 T_H、T_L 下的逆卡诺循环。

制冷系数 ϵ 和热力完善度 β 都是用来评价循环经济性的指标。ϵ 只能用来评定一定温度下制冷循环的经济性。而热力完善度 β 则用来判断实际循环接近理想循环的程度。

二、单级蒸气压缩式制冷理论循环的组成

所谓单级蒸气压缩式制冷理论循环是以循环的四大部件为主体，并按理论制冷循环的假设条件所进行的热力循环，亦称为基本循环。

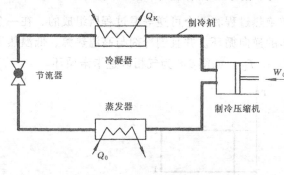

图 9-9 单级蒸汽压缩式制冷理论循环原理图

图 9-9 表示了单级蒸气压缩式制冷理论循环原理图。

在单级理论制冷循环中的四大部件（即四类热力设备）是指：制冷压缩机、冷凝器、节流器、蒸发器等。

（一）制冷压缩机

制冷压缩机是在制冷循环中消耗外界机械功而压缩并输送制冷剂的热力设备。

单级蒸气压缩机吸取来自蒸发器的制冷剂蒸气，经过一级压缩使制冷剂蒸气压力从蒸发压力 p_0 升压至冷凝压力 p_k，并输送到冷凝器。

如图 9-10，常用的制冷压缩机有活塞式、螺杆式、离心式、滚动转子式和滑片式等种类。图 9-10（a）为活塞式制冷压缩机，图 9-10（b）为螺杆式压缩机，压缩机就是螺杆式的，图 9-10（c）为离心压缩式冷水机组，采用的是离心式压缩机。

（二）冷凝器

冷凝器是通过冷却介质来冷却冷凝制冷压缩机排出的制冷剂蒸气，并将热量 q_k 传给高温热源的热力设备。常用的冷却介质有水、空气等。

常用的冷凝器的种类很多，有壳管式、淋激式、风冷式、蒸发式等。如图 9-11。

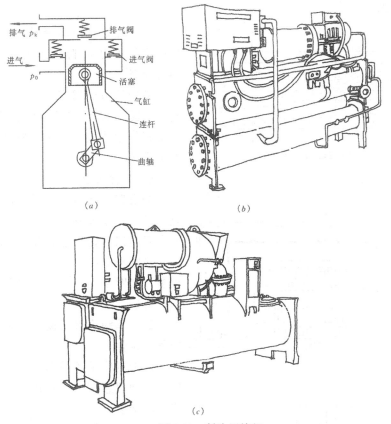

图 9-10　制冷压缩机
（a）活塞式制冷压缩机结构；（b）螺杆式压缩机；（c）离心压缩式冷水机组

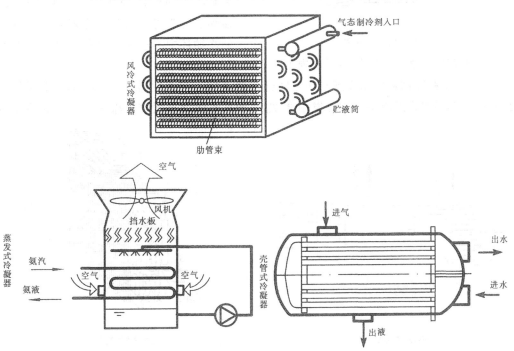

图 9-11　冷凝器

（三）节流器

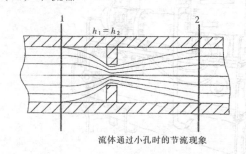

流体通过小孔时的节流现象

节流器是将冷却冷凝后的制冷剂液体由冷凝压力 p_k 降压到蒸发压力 p_0 的热力设备。

常用的节流器有节流阀、热力膨胀阀，如图9-12 浮球节流阀、毛细管等。毛细管作为节流装置在小型制冷系统中常常采用。

（四）蒸发器

蒸发器是制冷剂向低温热源吸热的热力设备。在蒸发器中，制冷剂所进行的主要是以沸腾为主的汽化过程。

在实际制冷工程中，蒸发器的形式很多，如图9-13。一般根据不同的用途选择类型。

三、单级蒸气压缩式制冷理论循环的假设条件

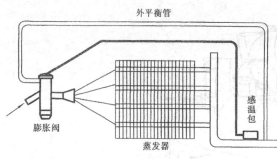

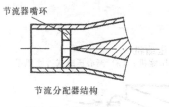

节流分配器结构

图9-12　节流器

理论制冷循环是不同于实际制冷循环的一种理想模型，它建立在下面主要假设基础上：

（一）制冷压缩机进行干压行程，并且吸气时制冷剂状态为干饱和蒸气，压缩过程为等熵过程。也就是说，理论制冷循环中不存在过热所引进的有温差传热，也不存在压缩过程中的不可逆损失。

（二）理论制冷循环中制冷剂与热源间进行热交换：在蒸发器内，制冷剂与低温热源间换热时传热温差为无限小，即蒸发温度 T_0 等于低温热源温度 $T_L(T_0 = T_L)$；在冷凝器

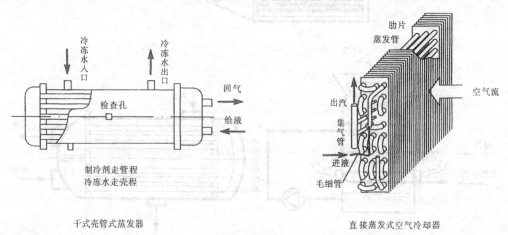

图9-13　蒸发器

中，只在过热蒸气被冷却成干饱和蒸气时存在传热温差，而在干饱和蒸气等压冷凝成饱和液体时，制冷剂与高温热源间无传热温差，即冷凝温度 T_K 等于高温热源温度 T_H（$T_K = T_H$），并且制冷剂在换热设备内流动时无流动阻力，无压降。

（三）制冷剂液体在节流前无过冷，并且等焓节流。

（四）制冷剂在管道内流动时，无流动阻力损失，无压降，与外界无传热，这说明制冷剂在管道内不发生任何状态变化。

显然，上述假设条件与实际制冷循环是有区别的，但这一假设能使实际制冷循环中许多因素得以简化，从而使复杂的实际制冷循环能利用热力学方法来进行分析和研究。

四、压焓图的应用

（一）压焓图

表示制冷剂状态参数的图线有几种，由于定压过程的吸热量、放热量以及绝热压缩过程压缩机的耗功量都可用过程初、终状态的比焓计算，所以，进行制冷循环的热力计算时，常采用压焓图（也称莫里尔图），压焓图如图 9-14、附图 2、附图 3。

压焓图的纵坐标是压力，为了使低压部分表示得清楚，采用对数坐标，即 $\lg p$；横坐标是比焓。图上画有等压线、等温线、等比焓线、等比熵线、等比容线和等干度线，箭头表示各参数值增加的方向。

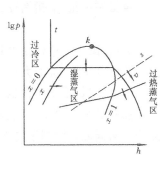

图 9-14 压焓图

干度等于 1 的曲线是饱和蒸气线，干度等于 0 的曲线是饱和液线，这两条线将该图分为三区：

1．饱和蒸气线右边为过热蒸气区；

2．饱和液线左边为液区；

3．两线之间为湿蒸气区。

（二）在压焓图上表示蒸气压缩式制冷的理论循环

图 9-15 就是蒸气压缩式制冷的理论循环在压焓图（$\lg p\text{-}h$）和温熵图（$T\text{-}s$）上表示。

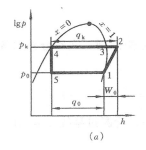 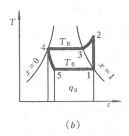

（a） （b）

图 9-15 蒸气压缩式制冷的理论循环在压焓图和温熵图上表示
（a）压焓图；（b）温熵图

在单级蒸气压缩式制冷理论循环中，制冷压缩机自蒸发器吸入处于蒸发压力 p_0 下的干饱和蒸气，经过 1-2 等熵压缩到冷凝压力 p_k，并输送到冷凝器，在压缩过程中消耗压缩功 W_{cop}。过热蒸气在冷凝器内经 2-3-4 等压冷却冷凝成饱和液体。在等压冷却冷凝中，制

179

冷剂向高温热源放热 q_k。在节流过程4-5中，制冷剂通过节流器后压力、温度都降低，即压力由 p_k 降低至 p_0，温度由 T_K 降低至 T_0，而节流过程中焓值保持不变，$h_4 = h_5$。节流后制冷剂呈湿饱和蒸气状态。在蒸发器中，制冷剂由5-1等压等温过程吸收低温热源热量 q_0，而制冷剂气化至干饱和蒸气状态1，以此周而复始地循环。

五、单级蒸气压缩式制冷理论循环的热力性能分析

理论制冷循环是在一定的假设条件下所进行的，理论制冷循环并不涉及到制冷系统的大小和复杂性，所以理论制冷循环的性能指标有单位制冷量、单位容积制冷量、单位理论功（单位等熵压缩功）、单位冷凝器负荷、理论制冷循环制冷系数及热力完善度等。

（一）单位制冷量 q_0

单位制冷量 q_0 指制冷压缩机每输送 1kg 制冷剂经循环从低温热源中制取的冷量。

$$q_0 = h_1 - h_5 \quad (kJ/kg) \tag{9-3}$$

在 $\lg p - h$ 图中，单位制冷量 q_0 相当于过程线 1-5 在 h 轴上的投影。

单位制冷剂 q_0 的大小与制冷剂的性质和循环的工作温度有关。

（二）单位容积制冷量 q_v

前面讲过，单位容积制冷量 q_v 指制冷压缩机每输送 $1m^3$ 制冷剂蒸气（以吸气状态计）经循环从低温热源制取的冷量。即

$$q_v = \frac{q_0}{v_1} = \frac{h_1 - h_5}{v_1} \quad (kJ/m^3) \tag{9-4}$$

由上式可知，吸气比容 v_1 将直接影响单位容积制冷量 q_v 的大小。而且吸气比容 v_1 的大小随蒸发温度 T_0 的下降而增大，所以理论制冷循环的单位容积制冷量 q_v 不仅随制冷剂的种类而改变，而且还随循环的蒸发温度而改变。

（三）单位理论功 W_0

单位理论功 W_0 是指制冷压缩机按等熵压缩时每压缩输送 1kg 制冷剂所消耗的机械功，所以也称单位等熵压缩功。单位理论功 W_0 可表示为

$$W_0 = h_2 - h_1 \quad (kJ/kg) \tag{9-5}$$

（四）单位冷凝器负荷

单位冷凝器负荷 q_k 指制冷压缩机每输送 1kg 制冷剂，在冷凝器内等压冷却冷凝时向高温热源放出的热量

$$q_k = (h_1 - h_2) + (h_3 - h_4) = h_2 - h_4 \quad (kJ/kg) \tag{9-6}$$

在 $\lg p\text{-}h$ 图中，单位冷凝器负荷 q_k 相当于等压冷却冷凝过程线 2-3-4 在 h 轴上的投影。

（五）单级理论制冷循环制冷系数 ε_0

单级理论制冷循环制冷系数 ε_0 是理论制冷循环中的单位制冷量 q_0 和单位循环净功（即单位理论功 W_0）之比，也就是理论制冷循环的效果和代价之比

$$\varepsilon_0 = \frac{q_0}{W_0} = \frac{h_1 - h_5}{h_2 - h_1} \tag{9-7}$$

ε_0 不仅与循环的高温热源、低温热源温度有关，还与制冷剂的种类有关。

（六）单级理论制冷循环的热力完善度 β_0

单级理论制冷循环的热力完善度 β_0 等于理论制冷循环制冷系数 ε_0 与相同高温热源、低温热源间的逆卡诺循环制冷系数 ε_c 之比

$$\beta_0 = \frac{\varepsilon_0}{\varepsilon_c} \tag{9-8}$$

理论制冷循环的热力完善度 β_0 总是小于 1。并且理论制冷循环热力完善 β_0 越接近于 1，则表明理论制冷循环的不可逆损失越少，接近逆卡诺循环的程度越高。

在一定的工作条件下，不同制冷剂的单位容积制冷量、制冷压缩机排气温度、制冷系数都表现出不同的特性。应根据实际工程的特性选择不同的制冷剂。

思　　考

1. 制冷循环四大部件是哪些？它们的作用各是什么？
2. 怎样利用压焓图对单级蒸气压缩式理论制冷循环进行热力分析？

第三节　单级离心压缩式制冷循环

通过离心的作用也可增大气体压力，那么离心压缩式制冷循环是如何实现的？

离心压缩式制冷循环属于蒸气压缩式制冷。它是依靠高速旋转的叶轮将能量传递给流道中连续流动的制冷剂蒸气，使之获得较大的流速，同时压力提高，而高速流动的气流在扩压过程中将速度能又转变为压力能，从而达到压缩机压缩输送的目的。图 9-10（c）为离心式冷水机组，它采用了离心压缩方式。

一、离心式制冷压缩的工作原理

离心式制冷压缩机是离心式制冷循环的最主要设备，其结构和工作原理与离心泵、离心风机相似。离心式制冷机是利用叶轮高速旋转时产生的离心力来压缩和输送制冷剂蒸气的，其主要部件由吸气室、叶轮、扩压管和蜗壳组成，如图 9-16。

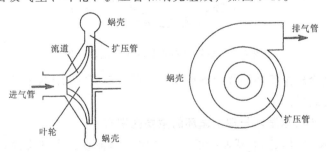

图 9-16　离心式制冷压缩的工作原理

离心式制冷压缩机的工作原理是：

工作时，制冷剂蒸气先由压缩机的进口导叶引导下，从进气管进入吸气室，然后进入叶轮，蒸气在高速旋转的叶轮带动下而提高速度，并受离心力的作用及在叶轮流道中的扩压流动而提高压力，最后被甩出叶轮周边。

在此同时，叶轮入口处呈现负压，后续气体随即补充流入。由于叶轮的高速旋转，气

体从叶轮出来时，其压力和绝对速度都提高了。即不仅增加了压力能，也增加了气体动能。为了利用这部分动能，在叶轮之后设置了扩压管，当高速气流进入扩压管时，在渐扩的通道中，使气体的动能转变成压力能，气体的压力升高。

最后，扩压管流出的气体全部汇集于蜗壳中。蜗壳能继续将气体剩余的动能转化为压力能，并将制冷剂蒸气输送到冷凝器去。

对于多级离心式压缩机，蜗壳只存在于最后一级。

二、单级离心压缩式制冷循环

单级离心式制冷循环由单级离心式制冷压缩机、冷凝器、节流器及蒸发器组成。

图 9-17 表示了单级离心式制冷循环工作过程。

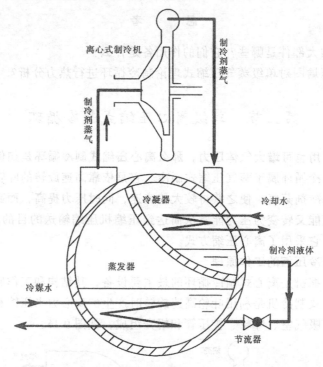

图 9-17 单级离心式制冷循环工作过程

单级离心式制冷理论循环同样由等熵压缩过程、等压冷却冷凝过程、等焓节流过程和等压气化吸热过程组成。

单级离心式制冷实际循环与理论循环的主要区别有：

（一）制冷剂蒸气吸入离心式制冷机时存在吸气节流损失和热交换，在排气时同样存在排气节流损失；

（二）离心式制冷压缩机的压缩是非等熵过程，是增熵压缩；

（三）制冷剂在与高温热源和低温热源换热时存在传热温差。

图 9-18 表示了单级离心式制冷实际循环的 $\lg p\text{-}h$ 图。

在图中，蒸发器出口状态为 0，压缩机进口为 0′。0-0′是制冷剂自蒸发器流经吸气管进入压缩机的过程。在此存在吸热升温（0-0″）和流阻压降（0″-0′）等不可逆损失。0′-1为制冷剂蒸气由压缩机入口至叶轮进口的热力过程，由于流道缩小、叶轮高速旋转使气体速度提高，压力下降，由于 0′-1 过程极快，可近似看做是等熵过程；1-2a 是用以比较的等熵压缩过程；1-1′-2s 是实际压缩过程（增熵压缩），由于离心机的特殊结构，压缩过程由两部分组成，即制冷剂蒸气先在叶轮的叶片的作用下的增速增压过程（1-1′）和自叶片排出后在扩压管和蜗壳内继续流动并进一步将速度能转变为压力能的过程（1′-2s）；2s-2b 是制冷剂蒸气排气时的节流损失（一般取 5% ~ 10% p_k）；2b-3 是在冷凝器内冷却冷凝过程；3-4 为制冷循环的节流过程；4-1 是制冷剂在蒸发器内的汽化吸热过程。

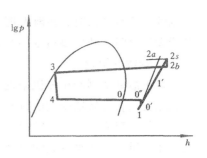

图 9-18　单级离心式制冷
实际循环的 lg$p$-h 图

三、离心式制冷压缩机的特性

（一）喘振现象

离心式压缩机运转时出现的气体来回倒流撞击现象称为喘振现象。

产生喘振现象后，若不及时采取措施，就会损坏压缩机甚至损坏整套制冷装置，因此，运转过程中应极力避免喘振的发生。

离心式制冷压缩机发生喘振现象的原因主要是冷凝压力过高或吸气压力过低，所以，运转过程中保持冷凝压力和蒸发压力稳定，可以防止喘振的发生。但是，当调节压缩机制冷能力，其负荷过小时，机器也会产生喘振，这就需要进行保护性的反喘振调节。

旁通调节法是反喘振的一种措施。当要求压缩机的制冷量减少时，从压缩出口引出一部分汽态制冷剂，不经冷凝直接旁流至压缩机吸气管，这样，既可减少通入蒸发器的制冷剂流量，以减少该制冷系统的制冷量，又不致使压缩机的排气量过小，从而可以防止喘振发生。

（二）影响制冷量因素

1. 蒸发温度的影响

当制冷压缩机的转数和冷凝温度一定时，压缩机制冷量随蒸发温度变化的百分比示于图 9-19 蒸发温度的影响。从图中可看出，离心式制冷压缩机受蒸发温度变化的影响比活塞式制冷压缩机来得大，蒸发温度越低，制冷量下降得越多。

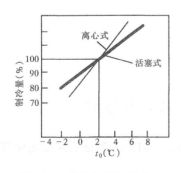

图 9-19　蒸发温度的影响

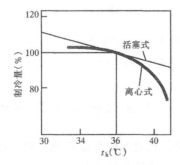

图 9-20　冷凝温度的影响

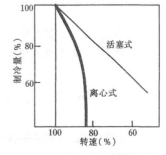

图 9-21　转速变化的影响

2. 冷凝温度的影响

当制冷压缩机的转数和蒸发温度一定时，从冷凝温度的影响图 9-20 中可以看出，冷凝温度低于设计值时，冷凝温度对离心式制冷压缩机的制冷量影响不大；但是当冷凝温度高于设计值时，随冷凝温度的升高，离心式制冷压缩机的制冷量将急剧下降。

3. 转数的影响

对于活塞式制冷压缩机来说，当蒸发温度和冷凝温度一定时，压缩机的制冷量与转数成正比关系，即转数变化的百分数也就是活塞式制冷压缩机制冷量变化的百分数。

但是，离心式制冷压缩机则不然，由于压缩机产生的能量与叶轮外缘圆周速度的平方成正比，所以，随着转数的降低，离心式制冷压缩机产生的能量急剧下降，故制冷量也必将急剧降低，如图9-21转速变化的影响。

离心压缩式制冷循环优缺点

（一）优点：

1. 离心压缩机单机制冷量大，国产空调用离心式制冷机组的制冷量可达 580～2800kW，国外最大机组的制冷量可达 28000kW；机组结构紧凑，占地少，相对重量轻；

2. 离心式制冷压缩机无气阀、活塞环、填料等易损件、工作可靠，操作方便，易实现自动控制；

3. 机组运转平稳，振动小，噪声低。运转时可实现无油压缩过程，对于蒸发器、冷凝器的传热影响小；

4. 采用入口导流叶片调节器和改变扩压管宽度调节装置时，可使机组的负荷在 30%～100% 范围内进行高效率的调节；

5. 能够经济合理地使用能源，能用多种类型的驱动机来带动；

6. 易于实现多级压缩和节流，达到同一制冷机组多种蒸发温度的操作运行。

（二）缺点：

1. 在循环中，制冷剂气流速度高，在压缩过程中能量损失较大，离心式制冷机效率一般低于活塞式制冷机，尤其是小制冷量范围内的离心制冷机；

2. 离心式制冷机的变工况适应能力不强。单机制冷量调节不能过小，否则将引起喘振。离心式制冷机适用于工况稳定并较长期运转的大型空调、制冷、热泵装置中。另外，采用多级压缩可改善这一特性；

3. 离心式制冷机主要运动部件的制造加工精度要求高。

思　　考

1. 简述离心压缩式制冷循环的工作原理。

2. 离心压缩式制冷循环的特点是什么？

第四节　双级蒸气压缩制冷与复叠式蒸气压缩制冷

在应用中温中压制冷剂时，蒸发温度最低只能达到 −40℃。如果需要更低的蒸发温度以及更高的制冷循环工作效率，应采用何种制冷循环？

一、多级蒸气压缩制冷循环

（一）多级蒸气压缩制冷循环采用

为了满足生产工艺的要求，往往要求制冷循环能获得较低的蒸发温度。

当制冷剂确定后，制冷循环所能达到的蒸发温度主要取决于制冷循环的冷凝压力 p_k 和冷凝压力 p_k 与蒸发压力 p_0 的压力比 p_k/p_0。冷凝压力 p_k 通常受环境条件（如地区、季节等）的影响，变化不大。所以，蒸发压力 p_0 不同时，就有不同的压力比 p_k/p_0：蒸发压力 p_0 越低，压力比 p_k/p_0 就越大；反之亦然。

对于单级蒸气压缩式制冷循环来就，当压力比 p_k/p_0 过大超出单级循环极限使用条件时，就会带来一系列的问题，所以在实际的制冷工程中，单级制冷压缩机的压力比是有限制的。根据《中小型活塞式单级制冷压缩机型式及基本参数》所规定的工作条件，现代活塞式单级制冷压缩机的压力比 p_k/p_0 一般不超过 8 ~ 10。当使用离心式制冷压缩机时，每一级所能达到的压力比要小些，压力比应小于 4。

采用多级蒸气压缩制冷循环能够降低压力比，故能避免或减少单级蒸气压缩制冷循环中由于压力比过大所引起的一系列不利的因素，从而改善制冷压缩的工作条件。

带有中间冷却的多级压缩级数越多，省功越多，制冷系数也就越大。而实际工程中不采用过多的压缩级数，因级数过多，使系统复杂，设备费用增加，技术复杂性提高。在应用中温中压制冷剂时，活塞式制冷机采用两级压缩制冷循环。

三级压缩制冷循环应用很少，只用于干冰制造的高压制冷系统中。离心式制冷循环中有时也采用三级或三级以上的多级压缩形式。

需指出的是，多级压缩系统中每一级都采用同种制冷剂。

（二）两级蒸气压缩式制冷循环

两级蒸气压缩式制冷循环，按照它们的节流级数和中间冷却方式不同，有各种形式，这里，我们主要介绍一次节流中间完全冷却两级压缩制冷循环。

一次节流循环是目前活塞式、螺杆式等制冷机最常用的两级压缩制冷循环形式。

一次节流中间完全冷却两级压缩制冷循环原理如图 9-22 所示。

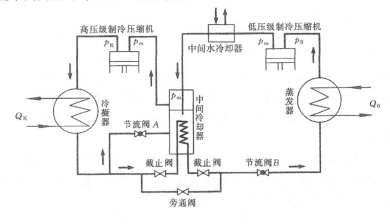

图 9-22　一次节流中间完全冷却两级压缩制冷循环原理图

其制冷循工作过程是：

从蒸发器出来的低压蒸气，首先在低压级制冷压缩机中，由蒸发压力 p_0 压缩至中间压力 p_m。低压级排出的过热蒸气，先在中间水冷却器中进行一定程度的等压冷却，然后再输入中间冷却器，由中间冷却器中的制冷剂液体冷却到中间压力 p_m 下的干饱和蒸气。这时制冷剂蒸气温度是中间压力 p_m 相对应的饱和温度，即中间温度 t_m，然后被吸入高压级制冷压缩机，继续被压缩到冷凝压力 p_k。经两级压缩后的制冷剂蒸气，由高压级压缩机排出，进入冷凝器。

在冷凝器中，过热蒸气被等压冷却冷凝成饱和液体。由冷凝器流出的制冷剂液体分成两路，一路经节流阀 A 节流到中间压力 p_m 进入中间冷却器，利用这部分制冷剂的汽化来冷却低压级排气，和冷却中间冷却器盘管中的高压液体，然后与低压级排气、节流时产生的闪发性气体一起进入高压级制冷压缩机。另一路液体在中间冷却器的盘管内被再冷却后经节流阀 B 节流至蒸发压力 p_0，进入蒸发器内，用以摄取低温热源的热量，以此周而复始地完成制冷循环。

由于采用两级压缩，使得每一级的压力比分别为 $\dfrac{p_k}{p_m}$ 和 $\dfrac{p_m}{p_0}$，与单级的 $\dfrac{p_k}{p_0}$ 相比，明显减小了。

二、复叠式蒸气压缩制冷

对于采用氨、氟里昂12或22作为制冷剂的蒸气压缩式制冷装置，尽管采用双级或三级压缩，可以制取较低的温度，但是，由于受到制冷剂本身物理性质的限制，能够达到的最低蒸发温度有一定限度，这是因为：

1. 蒸发温度必须高于制冷剂的凝固点，否则制冷剂无法进行制冷循环。例如，氨的凝固温度为 $-77.7℃$，不能制取更低的温度。

2. 制冷剂的蒸发温度过低时，其相应的蒸发压力也非常低，例如，氨，$t_0 = -65℃$，$p_0 = 0.1563bar$；氟里昂 $12 t_0 = -67℃$，$p_0 = 0.149bar$；氟里昂 $22 t_0 = -75℃$，$p_0 = 0.149bar$。可是，蒸发压力低于 $0.1 \sim 0.15bar$ 时，空气非常容易渗入系统，破坏制冷循环的正常进行。

3. 蒸发压力很低时，气态制冷剂的比容很大，单位容积制冷能力大为降低，势必要求压缩机的体积流量很大。

所以，为了获得低于 $-60 \sim -70℃$ 的温度，就不宜采用氨等作为制冷剂，而需要采用另一种制冷剂，如氟里昂 13、14 等。这种制冷剂的特点是凝固温度低，氟里昂 13 为 $-180℃$，氟里昂 14 为 $-184℃$；此外，它们在低温条件下饱和压力仍很高，例如，氟里昂13，$t_0 = -80℃$，蒸发压力约 $1bar$，而氟里昂14在此压力下，蒸发温度可低达 $-128℃$。但是这种制冷剂，若采用一般冷却水，使气态制冷剂难于冷凝，即使被冷凝，冷凝压力也很高，制冷效率很低。

因此，为了降低冷凝压力，就必须附设人造冷源，使这种制冷剂冷凝。也就是说，采用这种制冷剂的制冷装置虽然能制取很低的温度，但它不能单独工作，需有另一台制冷装置与之联合运行，即所谓复叠式蒸气压缩制冷。

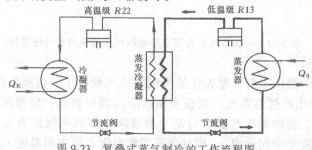

图 9-23　复叠式蒸气制冷的工作流程图

如图 9-23 是复叠式蒸气制冷的工作流程图。

由图可见，复叠式蒸气压缩制冷循环是由两个独立制冷循环组成的，左端为高温级制冷循环，制冷剂为氟里昂 22；右端为低温级制冷循环，制冷剂采用氟里昂 13。

蒸发冷凝器既是高温级的蒸发器，又是低温级的冷凝器，也就是说，靠高温制冷剂的蒸发，吸收低温级制冷剂的热量。

如图 9-24 是氟里昂 22 和 13 组成复叠式蒸气压缩制冷循环的温熵图。

由于两种制冷剂物理性质不同，所以，同一幅温熵图有两套饱和液线和饱和蒸气线，氟里昂 22 的饱和线在上部，氟里昂 13 的饱和线在下部。图中两种制冷剂除等温线和等比熵线相同外，其他各参数均不一致。

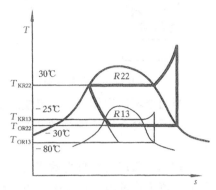

图 9-24　复叠式蒸气压缩
制冷循环温熵图

图中，低温级氟里昂 13 制冷循环的蒸发温度 -80℃，相应的蒸发压力为 1.1bar；冷凝温度为 -25℃，相应的冷凝压力约 9.8bar。为了保证氟里昂 13 的冷凝温度，则要求高温级氟里昂 22 制冷循环的蒸发温度低于低温级的冷凝温度，一般低 3～5℃。如果取 5℃，此例的高温级氟里昂 22 制冷循环的蒸发温度应为 -30℃，相应的蒸发压力为 1.640bar，如果氟里昂 22 的冷凝温度为 30℃，冷凝压力为 11.880bar，压缩比等于 7.24，采用单级压缩即可。

从这里可以看出，由于复叠式制冷循环发挥了氟里昂 22 和氟里昂 13 的优点，又克服了它们的不足，使得制取很低的温度成为可能。

综上所述，复叠式蒸气压缩制冷的主要特点如下：

1. 由两个单一的循环复叠而成：高温级与低温级；
2. 由两种工质组成：中温制冷剂与低温制冷剂；
3. 两个单一的循环以蒸发冷凝器为桥梁。

思　　考

1. 为什么要采用双级蒸气压缩制冷与复叠式蒸气压缩制冷？
2. 说出双级蒸气压缩制冷与复叠式蒸气压缩制冷的异同？

第五节　热　电　制　冷

不需要制冷剂，是否也可以实现制冷？

热电制冷是一种利用温差效应来实现制冷的方式。由于半导体材料具有明显的热电效应，目前大多利用半导体材料作热电制冷元件，所以也称为半导体制冷。

一、热电效应

热电制冷是利用热电效应来实现制冷的。在无外磁场存在时，热电效应主要指塞贝克效应、珀尔帖效应、汤姆逊效应以及有关的焦耳效应与傅里叶效应。

（一）塞贝克效应

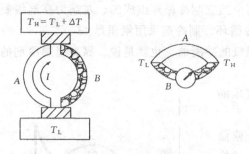

如图 9-25，两种不同的导体 A、B 两端相接触，形成一个闭合回路，如果两端温度不同 T_L、$T_H = T_L + \Delta T$，则在回路中产生电动势的现象，称为塞贝克效应。所产生的温差电动势，称为塞贝克电动势 E_s。

半导体材料发明使塞贝克电动势 E_s 能力提高。

图 9-25　塞贝克效应

（二）珀尔帖效应

当两个不同导体 A、B 组成的回路上，通过直流电 I 时，在回路的一个接头处除焦耳热外，还会释放出某种其他热量，而在另一接头处出现吸收热量的现象，称为珀尔帖效应。

珀尔帖效应是塞贝克效应的逆效应，珀尔帖效应所产生的热称为珀尔帖热，其方向将随着电流方向的改变而发生变更。珀尔帖热的大小与回路中电流强度成正比。

珀尔帖效应的机理主要是：电荷载体在不同的材料中处于不同的能量级，在外电场的作用下，电荷载体从高能级的材料向低能级的材料运动时，便会释放出多余的能量；反之电荷载体从低能级的材料向高能级的材料运动时，需从外界吸收能量。能量在不同材料的交界面以热的形式放出或吸入，这就是珀尔帖效应和珀尔帖热。如图 9-26。

金属材料的珀尔帖效应较微弱，而半导体材料的珀尔帖效应则强得多，这就是实际工程中采用半导体制冷的原因。

（三）汤姆逊效应

当直流电通过一个存在着温度梯度的导电体时，在其表面所产生的吸热或放热现象，称为汤姆逊效应，汤姆逊效应中所吸收或放出的热称为汤姆逊热。汤姆逊效应是塞贝克效应和珀尔帖效应的次级效应。

在单位时间单位体积内的汤姆逊热与电流强度和温度梯度成正比。

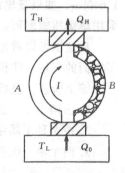

图 9-26　珀尔帖效应

（四）焦耳效应

电流在导体中流动时，为克服电阻而消耗电能，并伴随导体温度升高向外放热的现象，称为焦耳效应。焦耳效应所放出的热量称为焦耳热。焦耳效应同电流方向无关，是任何电路中必然发生的现象。

在热电制冷系统中，焦耳效应是影响制冷性能的不利因素之一。

（五）傅里叶效应

当物体内存在温差时，热量从高温处向低温处传导的现象，称为傅里叶效应，这就是传热学中的导热。傅里叶效应是任何热能装置内必然发生的现象。

由于热量从高温处传向低温处，所以在热电制冷系统中，傅里叶效应也是影响制冷性能的不利因素之一。

二、半导体制冷工作原理

根据量子理论，金属与半导体材料具有不同的能级、不同的接触电位差和不同的载荷

188

体。

如图 9-27，其中一个电偶臂是由 P 型（空穴型）半导体组成，另一个则由 N 型（电子型）半导体组成。P 型、N 型半导体电偶臂中的载荷体分别是空穴和电子。在外电场的作用下，P 型、N 型半导体电偶臂上载荷体与金属上载荷体一起在回路中按一定方向运动，并作用相应的接触电位差。

对于金属板与 P 型半导体组成的电偶臂，在金属板与 P 型半导体接触面处存在接触电

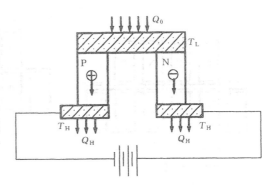

图 9-27　半导体制冷热电偶

位差，因而空穴载荷体在金属板和 P 型半导体中具有不同的势能。在外电场作用下，空穴载荷体由金属板进入 P 型半导体时，接触电位差与外电场反向，载荷体（空穴）为反抗电场力做功须从金属晶格中获得能量，结果使接触面处产生珀尔帖冷效应。而当空穴载荷体在外电场作用下由 P 型半导体进入金属板时，接触电位差与外电场同向，因而在此接触面处产生珀尔帖热效应。同理，对于金属板 N 型半导体组成的电偶臂来说，电子载荷体自金属板进入 N 型半导体时，接触电位差与外电场反向，载荷体（电子）反抗电场力做功，使接触面处产生珀尔帖冷效应。而当载荷体（电子）自 N 型半导体进入金属板时，接触电位差与外电场同向，则使接触面产生珀尔帖热效应。

这就是半导体热电偶制冷与发热的基本原理。如果将直流电源极性互换，接触面上的接触电位差与外电场的方向就会改变，则电偶对两端的珀尔帖冷效应与热效应也随之互换。

一对半导体热电偶的制冷量很小的，为了获得较大的制冷量需将很多对半导体电偶对串联组成热电堆，称单级热电堆。按图 9-28 接上直流电源后，这个热电堆的上面是冷端，下面是热端。把热电堆的冷端放到被冷却系统中去吸热，使被冷却系统降温。

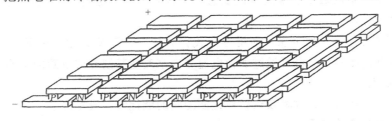

图 9-28　单级热电堆式半导体制冷器原理图

为了获得更低的温度或更大的温差可采用多级热电堆半导体制冷。它是由单级热电堆联结而成。联结的方式有串联、并联及串并联。如图 9-29（a）、（b）、（c）。其中二级、三级热电堆式半导体制冷最为常见。但为发展红外探测技术的需要，也采用四级至八级的热电堆半导体制冷器。

三、半导体制冷的制冷量

对于一对半导体热电偶，在直流电流 I 作用下，产生珀尔帖效应，其冷端从被冷却系统中吸收珀尔帖热，但同样在电流 I 作用下，产生焦耳效应、汤姆逊效应和在冷热端温差作用下的傅里叶效应。焦耳效应和傅里叶效应都会使半导体制冷器的实际制冷能力下降。

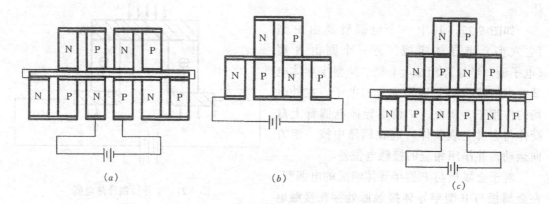

图 9-29 热电堆

(a) 热电堆串联；(b) 热电堆并联；(c) 热电堆串并联

单元半导体热电偶的制冷量 Q_0 应等于

$$Q_0 = Q_P - Q_J - Q_F + Q_T \tag{9-9}$$

式中　Q_0——单元热电制冷器制冷量（W）；

　　　Q_P——单元热电制冷器冷端珀尔帖热（W）；

　　　Q_J——单元热电制冷器焦耳热（W）；

　　　Q_F——单元热电制冷器傅里叶热（W）；

　　　Q_T——单元热电制冷器汤姆逊热（W）。

四、热电制冷的特点

（一）优点

1. 热电制冷不使用制冷剂，无运动部件，无污染，无噪声，并且尺寸小，重量轻，在深潜、仪器、高压试验舱等特殊要求场合使用十分适宜；

2. 热电制冷器参数不受空间方向的影响，即不受重力场影响，因而在航空领域中应用具有明显的优点；

3. 作用速度快，工作可靠，使用寿命长，易控制，调节方便，可通过调节工作电流大小来调节其制冷能力。也可通过切换电流方向来改变其制冷或供暖的工作状态。

（二）缺点

目前热电制冷量低，效率较低，单位制冷量的能耗大，成本高。

五、热电制冷的应用

由于热电制冷的特点，在不能使用普通制冷剂和制冷系统的特殊场合以及小容量、小尺寸的制冷工作条件下，显示出它的优越性，已成为现代制冷技术的一个重要组成部分。

目前热电制冷技术主要应用于车辆、核潜艇、驱逐舰、深潜器、减压舱、地下建筑等特殊环境下使用的热电空调、冷藏和降湿装置；各种仪器和设备中使用的小型热电恒温制冷器件；工业气体含水量的测定与控制；保存血浆、疫苗、血清、药品等药用热电冷藏箱与半导体冷冻刀等。

如图 9-30 电子凉枕。它是半导体制冷的头部降温睡眠装置。图 9-31 是电子冷热针灸仪采用的半导体原理图，它的冷端上钻有针孔，以备放置针灸用针，热端的金属体内通以冷却水散热。

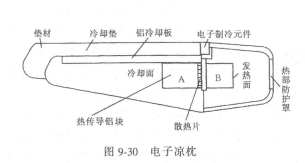

图 9-30 电子凉枕

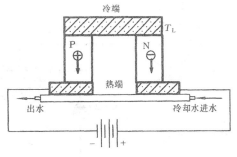

图 9-31 电子冷热针灸仪

思　考

1. 哪个热电效应对热电制冷不利？

2. 为什么热电制冷往往采用半导体材料？

3. 热电制冷的优缺点是什么？

第六节　吸收式制冷循环

通过加热的方法，也可以从二元溶液中蒸发出高压制冷剂蒸气，那么这种制冷是如何实现循环的？

吸收式制冷是液体汽化制冷的一种，它和蒸气压缩式制冷一样，是利用液态制冷剂在低压低温下汽化以达到制冷的目的。所不同的是，蒸气压缩式制冷是靠消耗机械功（或电能）使热量从低温物体向高温物体转移；而吸收式制冷则靠消耗热能来完成这种非自发过程。图 9-32 就是常见的吸收式冷水机组。

蒸气压缩式制冷使用的工质一般为纯物质，如 R717、R12 等；而吸收式制冷使用的工质是两种沸点相差较大的物质组成的二元溶液，其中沸点低的物质为制冷剂，沸点高的物质为吸收剂，故又称制冷剂——吸收剂工质对。

目前常用两种吸收式制冷机：一种是氨吸收式制冷机，其工质对为氨——水溶液，氨为制冷剂，水为吸收剂，它的制冷温度在 +1～-45℃范围内，多作用工艺生产过程的冷源；另一种是溴化锂吸收式制冷机，以溴化锂——水溶液作工质对，水为制冷剂，溴化锂为吸收剂，其制冷温度只能在 0℃以上，可用于制取空气调节用冷水或工艺用冷却水。

由图 9-33 可见，吸收式制冷机主要由四个热交换设备组成，即发生器、冷凝器、蒸发器和吸收器。它们组成两个循环环路：制冷剂循环与吸收剂循环。

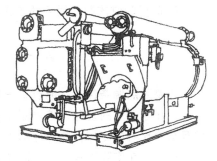

图 9-32　吸收式冷水机组

左半部是制冷剂循环，由蒸发器、冷凝器和节流装置组成。高压汽态制冷剂在冷凝器中向冷却水放热，被凝结为液态后，经节流装置减压降温，进入蒸发器。在蒸发器，该液体被汽化为低压冷剂蒸气，同时吸取被冷却介质的热量，产生制冷效应。这些过程与蒸气

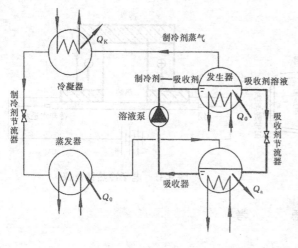

图 9-33　吸收式制冷原理图

压缩式制冷是一样的。

右半部为吸收剂循环，主要由吸收器、发生器和溶液泵组成。在吸收器中，用液态吸收剂吸收蒸发器产生的低压汽态制冷剂，以达到维持蒸发器内低压目的。吸收剂吸收制冷剂蒸气，形成的制冷剂——吸收剂溶液，经溶液泵升压后，进入发生器。在发生器中该溶液被加热、沸腾，其中沸点低的制冷剂汽化形成高压气态制冷剂，又与吸收剂分离。然后前者去冷凝器液化，后者则返回吸收器再次吸收低压气态制冷剂。

通常吸收剂是以二元溶液的形式参与循环的，吸收剂溶液与制冷剂——吸收剂溶液的区别只在于：前者所含沸点较低的制冷剂数量比后者为少，或者说前者所含制冷剂的浓度较后者为低。

溶液的组成可以用摩尔浓度、质量浓度等表示。工业上常采用质量浓度，即溶液中一种物质的质量与溶液质量之比。

对于吸收式制冷机通常规定：溴化锂水溶液的浓度是指溶液中含溴化锂质量的浓度；氨水溶液的浓度是指溶液中含氨的质量浓度。因此在溴化锂吸收式制冷机中吸收剂溶液是浓溶液，制冷剂——吸收剂溶液是稀溶液；而在氨吸收式制冷机中则相反。

因此，吸收式制冷循环中，制冷剂——吸收剂工质对（即二元混合物）特性如何是一个关键问题。

思　考

1. 吸收式制冷循环常用的工质是哪些？它们与蒸气压缩式制冷循环所用的工质有何不同？

2. 简述吸收式制冷循环的工作过程。

第七节　混合制冷剂制冷循环

在变温热源条件下，能否有一种适合的高效率的制冷循环？

放在冰箱里的食品，随着制冷的进行，它的温度逐步下降；对于中央空调系统，如果没有水冷却塔的冷却，随着冷却水逐步吸收冷水机组冷凝器的热量，温度必将逐步升高。

所以，在实际工程中，热源和冷源的热容量往往不是无限大的，而是随着制冷循环的进行，热源和冷源的温度都将发生变化。

很多实验证明，在变温热源条件下，采用非共沸溶液制冷剂制冷循环是有效的，能取得明显的节能效果，甚至能节能50%以上。

一、混合制冷剂制冷循环简述

前面介绍过，混合制冷剂是由两种或两种以上的单制冷剂按一定比例混合而成的制冷剂，可分为共沸溶液制冷剂（如 R500、R501、R502）和非共沸溶液制冷剂（如 R401A、R402A）。

共沸溶液制冷剂蒸气压缩式制冷循环特性相同于单制冷剂蒸气压缩式制冷循环特性，所以共沸溶液制冷剂的热力循环分析与单制冷剂的热力循环分析相同。

在非共沸溶液制冷剂蒸气压缩式制冷循环中，由于具有可变的蒸发温度 t_0、冷凝温度 t_k 以及可变的气、液相组分浓度，表现出与单制冷剂制冷循环不同的热力特性。所以，我们这里所介绍的混合制冷剂制冷循环，主要指非共沸溶液制冷剂蒸气压缩式制冷循环。

若在变温热源中，采用恒定蒸发温度 t_0、冷凝温度 t_k 制冷剂的制冷循环，必定在循环中增大制冷剂与热源、冷源间的传热不可逆耗散，使循环的工作效率下降。

为了减少这种传热不可逆耗散，应采用能使蒸发温度 t_0、冷凝温度 t_k 相应随冷源、热源温度变化而变化的制冷循环。

二、单级压缩单级分凝式混合制冷剂制冷循环

当采用含低温制冷剂组分的混合制冷剂时，为减少制冷压缩机的压力比和冷凝低温制冷剂蒸气，需采用高沸点的中温制冷剂节流汽化来使低沸点低温制冷剂蒸气冷凝，即分凝过程。

我们以 R12 与 R13 组成的混合制冷剂来说明单级压缩单级分凝式混合制冷剂循环工作原理，如图 9-34 所示。

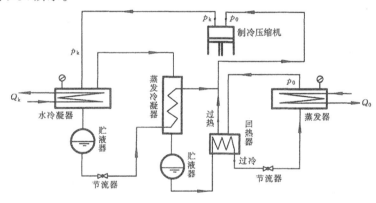

图 9-34　单级压缩单级分凝式混合制冷剂循环工作原理

它的工作原理是：

混合制冷剂蒸气经制冷压缩机，由蒸发压力 p_0 压缩至冷凝压力 p_k。在水冷凝器中，大部分 R12 和少量 R13 被等压冷却冷凝成饱和液体，进入贮液器，这部分液体经节流阀节流至 p_0，送入蒸发冷凝器中汽化吸热成饱和蒸气。在水冷凝器中未被冷凝的大部分 R13 和少量 R12 蒸气被引入蒸发冷凝器中，被已经冷凝的混合制冷剂冷凝成液体，并进入贮液器（这一过程类似于复叠式制冷循环）。

贮液器中的混合制冷剂液体经回热器过冷，经节流阀节流至 p_0，送入蒸发器中等压汽化，吸取低温热源的热量。在蒸发器中汽化的制冷剂蒸气，经回热器过热与蒸发冷凝器中汽化的制冷剂蒸气等压（p_0）混合后，送入制冷压缩机继续循环。

由于在循环中，在水冷凝器中经冷却水冷凝的主要是 R12，而在蒸发器汽化的则主要是 R13，这就使得在普通的冷凝条件下，能够获得较低的蒸发温度 t_0，其蒸发温度范围相当于应用单组分制冷剂的双级压缩制冷循环，但蒸发压力要比一般中温制冷剂高，改善了循环的内部条件。

又由于在循环中，可变的蒸发温度 t_0、冷凝温度 t_k，使得循环外部不可逆性减少，从而可以获得较高的制冷系数。

但需指出的是，在恒定热源条件下，采用可变的蒸发温度 t_0、冷凝温度 t_k 的混合制冷剂制冷循环，不但不能节能、提高制冷系数，反而又增大循环中传热不可逆耗散，降低制冷效率。

思　考

1. 非共沸溶液制冷剂在什么样的条件下使用才表现出优点？
2. 简述非共沸溶液制冷剂蒸气压缩式制冷循环的工作过程。
3. 混合制冷剂制冷的工作原理是什么？

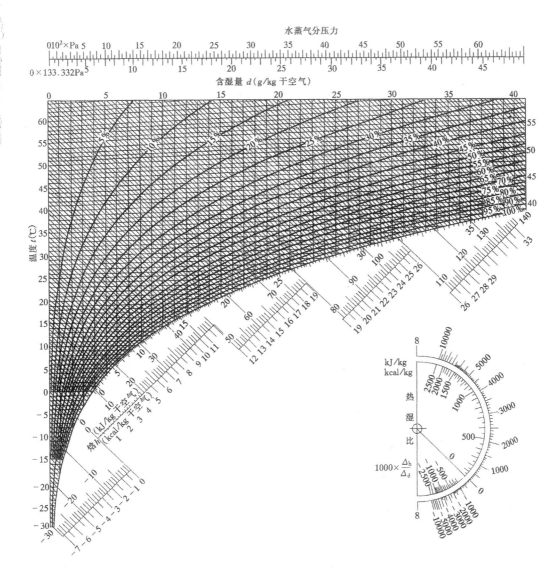

附图 3　湿空气焓湿图

图3 焓湿图